과학과 가설

과학과 가설

초판 1쇄 펴낸날 / 2014년 9월 25일
초판 2쇄 펴낸날 / 2015년 8월 25일
초판 2쇄 펴낸날 / 2017년 9월 25일

지은이 / 앙리 푸앵카레
옮긴이 / 이정우·이규원
펴낸이 / 김외숙
펴낸곳 / 한국방송통신대학교출판문화원
　　　　주소　서울특별시 종로구 이화장길 54 (우03088)
　　　　대표전화　1644-1232
　　　　팩스　(02) 741-4570
　　　　http://press.knou.ac.kr
　　　　출판등록　1982. 6. 7. 제1-491호

ⓒ 이정우·이규원, 2014
ISBN 978-89-20-01431-4 93410
값 19,000원

출판위원장 / 권수열
편집 / 신경진·양영희
편집 디자인 / 티디디자인
표지 디자인 / BOOKDESIGN SM
인쇄용지 / 한솔제지(주)

Jules Henri Poincaré 과학과
가설

앙리 푸앵카레 지음 / 이정우 · 이규원 옮김

La Science et
l'Hypothèse

에피스테메
EPÍSTEME

차 례

■ 일러두기

1. 이 책은 *La Science et l'Hypothèse*(PARIS, ERNEST FLAMMARION, 1917)를 저본으로 삼고 영문판 등을 참고하여 번역한 것입니다.
2. 원서에서 이탤릭체로 강조한 부분은 이 책에서는 고딕체로 표기했습니다.
3. 이해를 돕기 위해 옮긴이가 첨가한 내용은 [ ] 안에 표기했습니다.

이 책은 앙리 푸앵카레Henri Poincare, 1854~1912의 명저인 『과학과 가설』La science et l'Hypothèse 을 완역한 것이다.

앙리 푸앵카레는 19세기 말에서 20세기 초에 걸쳐 활동한 수학자이자 이론물리학자, 과학철학자다. 그는 에른스트 리만 당대에 활동한 최고의 수학자들 중 한 사람으로서, 특히 현대수학의 핵심 분야 중 하나인 위상수학topology의 창시자다. 그의 수학적 업적은 많은 사람에게 지적 영감을 주었다. 또 푸앵카레는 뛰어난 이론물리학자이기도 했다. 그는 '3체 문제three-body problem'의 연구로 유명하며, 로렌츠 변환과 맥스웰 방정식에 수학적인 공헌을 함으로써 상대성 이론의 성립에도 결정적인 공헌을 했다. 우주공간과 관련해 그가 제기했던 '푸앵카레 추측'은 최근에 패럴만에 의해 풀림으로써 화제가 되기도 했다.

푸앵카레는 당대의 뛰어난 과학철학자이기도 했다. 그가 활동한 시대는 앙리 베르그송, 레옹 브렁슈비크, 앙드레 르르와, 피에르 뒤엠, 에밀 메이에르송을 비롯한 기라성 같은 과학철학자들이 활동하던 시대로, 특히 과학적 탐구의 두 가지 해석인 실재론realism과 유명론nominalism을 둘러싼 논쟁이 뜨거웠던 시대이다. 푸앵카레는 극단적인 유명론을 비판하면서도 과학에서의 '규약'의 중요성을 인정하는 '규약주의conventionalism'를 주장했다.

　푸앵카레는 그의 과학사상을 편 논문과 강연록을 모아서 여러 권의 저작을 편찬했는데, 이번에 번역된 『과학과 가설』은 가장 기초적이고 가장 유명하다.

　『과학과 가설』은 과학철학에 관심 있는 사람이라면 누구나 알고 있지만 아직 국내에 제대로 소개되지 않았다. 이번에 이 책을 한국어로 출간하게 되어 매우 기쁘게 생각한다.

피상적 관찰자에게 과학적 진리는 의심의 여지가 없고, 과학의 논리는 틀림없는 것이다. 설령 과학자들이 어쩌다 착각했을지라도 그것은 그 규칙을 잘못 이해했을 뿐이기 때문이다.

수학적 진리들은 완벽한 추론의 연쇄에 따라 소수의 자명한 명제로부터 이끌어지는데, 이러한 명제는 우리뿐만 아니라 자연 자체에까지 따르도록 강요한다. 이를테면 창조주마저도 속박되어 비교적 많지 않은 해解들 가운데서 선택하는 것만 허용되는 것이다. 따라서 그가 어떤 선택을 했는지는 몇몇 실험만으로 충분히 알 수 있을 것이다. 각각의 실험을 통해 일련의 수학적 연역에 따라 많은 귀결을 얻을 수 있으며, 그런 식으로 어떤 실험을 통해서든 우리는 우주의 한 구석을 알게 될 것이다.

바로 여기에 세상의 많은 사람, 특히 처음으로 물리학의 기초 지식을 받아들이는 학생들이 생각하는 과학적 확실성의 기원과 그들이 이해하는 실험과 수학의 역할이 있다. 약 1세기 전, 경험으로부터 가능한 한 적은 물질을 빌려 세계를 구축하기를 꿈꾸던 많은 학자 역시 이처럼 이해하고 있었다.

조금만 더 숙고해 보면 가설hypothesis이 얼마나 중요한 위치를 점하는지 깨닫게 된다. 수학자는 가설 없이 나아갈 수 없으며 실험과학자는 더욱더 그렇다는 것을 보아 왔다. 그래서 이 모든 건축물이 견고한 것인지 자문했고, 미풍에조차 쓰러질 수 있다고 믿게 되었다. 하지만 이러한 회의적인 태도는 여전히 피상적인 차원에 머물러 있는 것이다. 모든 것을 의심하거나 모든 것을 믿는 것은 둘 다 손쉬운 해결책일지는 모르지만, 반성의 기회를 제거해 버리기 때문이다.

따라서 즉결심판을 행하는 대신 가설의 역할을 세심히 검토해야 하며, 그때 가설의 역할이 불가결할 뿐만 아니라 대부분의 경우 정당하다는 것을 알게 될 것이다. 가설에는 여러 종류가 있는데, 이 중 어떤 것은 검증될 수 있고 실험을 통해 한번 확증되면 생산적인 진리가 되며, 또 어떤 것은 우리를 오류로 이끌지 않고 사유를 정착시키는 데 유용하며, 마지막으로 또 다른 것은 겉으로만 가설일 뿐, 결국 정의 또는 규약convention이 감추어진 것에 불과하다는 것을 알게 될 것이다.

이 마지막 부류의 가설은 특히 수학과 이에 밀접한 과학에서 마주치게 되는데, 이러한 과학은 바로 이로부터 엄밀성을 획득하는 것이다. 규약은 이 영역에서 어떠한 방해도 받지 않는, 자유로운 지성적 활동의 소산이다. 여기서 우리의 지성은 명령하는 주체이기에 단정할 수 있다. 그렇지만 분명히 해 두자. 이 명령은 우리의 과학에 부과되고, 과학은 그 명령 없이는 불가능하겠지만 자연에 부과되는 것은 아니다. 그런데 이 명령은 자의적인가? 아니다. 자의적이었다면 생산적이지도 않았을 것이다. 실험은 우리에게 자유로운 선택을 맡기지만, 가장 편리한 길을 선별하도록 도와주고 그 선택을 이끌어 준다. 따라서 우리의 명령은 의회에 의견을 구하는 현명한 절대군주의 명령과 같은 것이다.

과학의 기초적 원리 속에서 이러한 규약의 자유로운 성격을 발견하고는 충격을 받은 이들도 있었는데, 그들은 제한 없는 일반화를 바라면서도 자유는 자의적인 것과는 다르다는 사실을 잊고 있었다. 이렇게 그들은 유명론nominalism이라는 것에 이르러, 학자가 자신이 정의한 것에 쉽게 속지는 않는지, 또한 그가 발견했다고 믿는 세계가 그저 변덕에 따라 성립된 것은 아닌지 자문했다.[1] 이러한 상황에서도 과학은 확실성을 유지하겠지만 영향력은 잃게 될 것이다.

사정이 이렇다면 과학은 무력해질 것이다. 그런데 우리는 날마다 과학의 실제 작용을 목격한다. 과학이 실재에 관한 어떤 것을 우리에게 알려 주지 않는다면 있을 수 없는 일이다. 하지만 과학이 도달할 수 있는 지점은 소박한 독단론자들이 생각하는 바와 같이 사물 그 자체가 아니라 오로지 사물 사이의 관계이며, 이러한 관계들 외에 인식 가능한 실재는 존재하지 않는다.

이것이 우리가 다다를 결론이지만, 이를 위해서는 산술과 기하학에서부터 역학과 실험물리학에 이르기까지 과학의 계열들을 가로질러야 한다.

수학적 추론의 본성이란 무엇인가? 그것은 일반적으로 사람들이 믿

---

1 르루아Le Roy, 「과학과 철학」 Science et Philosophie (*Revue de Métaphysique et de Morale*, 1901) 참조.

는 것처럼 정말로 연역적인가? 철저히 분석해 보면 결코 그렇지 않음을 알 수 있다. 어느 정도는 귀납적 추론의 본성을 띠고 있기 때문에 생산적이고, 절대적으로 엄밀한 성질을 유지할 수 있는 것이다. 우리는 이를 제일 먼저 밝혀야 한다.

이제 수학이 연구자의 손에 쥐어 주는 도구 중 하나를 잘 알았으니, 또 하나의 기초적인 개념, 즉 수학적 양量의 개념을 분석해야 한다. 그것은 자연 내에서 발견되는가? 아니면 우리가 자연에 도입한 것인가? 만일 후자라면 우리가 모든 것을 그르칠 위험은 없을까? 우리의 감각기관에서 받아들이는 가공되지 않은 소여所與들과 수학자들이 양이라 부르는 극히 복잡하고 섬세한 개념을 비교해 보면 어긋남이 있음을 인정할 수밖에 없다. 따라서 우리가 모든 것을 밀어넣으려고 하는 이 틀은 바로 우리가 만든 것이지만, 무턱대고 만든 것이 아니라 이를테면 치수를 재어 만들었기에, 본질적인 것을 왜곡하지 않고 그 틀에 사실을 밀어넣을 수 있는 것이다.

우리가 세계에 부과하는 또 하나의 틀은 공간이다. 기하학의 근본적 원리들은 어디에서 오는가? 논리학으로부터 강요받는가? 로바체프스키는 비非유클리드기하학을 창시함으로써 그렇지 않다는 것을 보여 주었다. 공간은 우리의 감각에 의해 드러나는가? 이 또한 아니다. 왜냐하면 우리의 감각이 보여 주는 공간은 기하학의 공간과는 완전히 다르기 때문이다. 기하학은 경험에서 유래하는가? 철저히 따져 보면 아니라는 것을 알 수 있다. 따라서 우리는 그 원리들이 규약에 불과하다는 결론을 내릴 것이다. 그러나 이 규약들은 자의적이지 않으며, 만일 우리가 다른 세계 (나는 이를 비유클리드적 세계라 부르고 상상하려 한다)로 옮겨졌다면 다른 규약들을 채용하게 되었을 것이다.

역학에서도 우리는 유사한 결론에 이르고, 역학의 원리들은 더욱 직접적으로 실험에 근거를 두고 있는데도 여전히 기하학적 공준과 같은 규약적인 성격을 갖추고 있다는 것을 알게 될 것이다. 지금까지는 유명론이 성공을 거두었지만, 엄밀한 의미에서의 물리학에 이르면 이야기가 달라진다. 우리는 다른 종류의 가설들과 마주치고 그것들이 매우 생산적임을 알게 된다. 물론 이론들은 첫눈에도 무너지기 쉬워 보이고, 과학사를 통해서도 일시적인 것으로 입증되어 있지만, 그렇다고 모조리 사라져 버리는 것이 아니라 각각 무언가를 남겨 놓는다. 이 무언가를 밝혀내야 하는데, 바로 그것이, 오직 그것만이 참된 실재이기 때문이다.

물리학적 방법은 귀납에 기초한다. 귀납을 통해 우리는 어떤 현상이 처음 일어났을 때의 상황이 재현되면 그 현상의 반복을 기대할 수 있는 것이다. 만일 이 모든 상황이 동시에 재현될 수 있다면 이 원리는 주저 없이 적용될 수 있지만, 결코 그런 일은 없을 것이다. 상황들 가운데 어느 것은 항상 결여되어 있기 때문이다. 그렇다면 우리는 상황들이 중요하지 않다고 절대적으로 확신하는가? 당연히 아니다. 그럴 것 같다고 생각할지도 모르지만 완전히 확신할 수는 없다. 따라서 물리학에서는 확률이라는 개념이 중대한 역할을 한다. 확률론은 단순한 오락거리나 도박사들을 위한 지침이 아닌 만큼 우리는 그 원리를 규명해야 한다. 이에 관해 나는 아주 불완전한 결과밖에 제공할 수 없었는데, '있음직한 것'을 식별하게 하는 불분명한 직관은 분석을 거부하기 때문이다.

　물리학자들이 어떠한 조건 아래서 작업을 하는지 연구한 후에 나는 그들의 작업 방식을 알려야겠다고 생각했으며, 이 때문에 광학과 전기학의 역사로부터 몇몇 예를 추렸다. 우리는 프레넬Augustin-Jean Fresnel과 맥스웰James Clerk Maxwell의 사상이 어디에서 왔는지, 앙페르André Marie Ampère를 비롯한 전기역학의 창시자들이 어떤 무의식적인 가설을 세웠는지 보게 될 것이다.

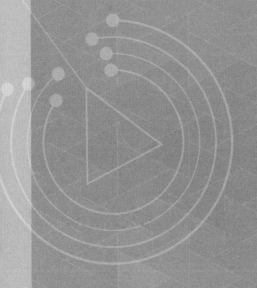

1부

수와 양(量)

수학적 추론의 본성에 관하여

수학적 양과 경험

수학적 추론의 본성에 관하여

I.

수학의 가능성은 그 자체로 풀 수 없는 모순인 것처럼 보인다. 만일 수학이 단지 겉으로만 연역적이라면, 그 누구도 의심하지 않는 완벽한 엄밀성은 어디서 유래할까? 만일 반대로, 수학이 명시하는 모든 명제가 형식논리학의 규칙에 따라 각각 도출된다면, 왜 수학은 거대한 동어반복으로 귀착되지 않을까? 삼단논법을 통해서는 본질적으로 새로운 것은 아무것도 알 수 없고, 만일 모든 것이 동일률로부터 나와야 한다면, 또한 모든 것은 동일률로 환원될 수 있어야 한다. 이때 우리는 많은 책을 가득 채우는 모든 정리에 대한 서술이 결국 'A는 A다'라고 말하는 우회적인 방식에 불과하다는 것을 인정해야 할까?

분명 우리는 모든 추론의 원천에 있는 공리로 거슬러 올라갈 수 있을 것이다. 설령 공리가 모순율로 환원될 수 없다고 판단되고, 그것이 수학적 필연성에 관여할 수 없는 경험적 사실이라고 인정하고 싶지 않아도 아직 우리에게는 공리를 선험적 종합판단으로 분류할 방편이 있다. 하지만 이는 어려움을 해결하는 것이 아니라 그저 명명하는 것에 불과하다. 비록 종합판단의 본성이 더 이상 우리에게 비밀이 아니라고 해도 모순은 사라지는 것이 아니라 단지 물러서 있을 뿐이다. 삼단논법적 추론은 그 앞에 놓인 소여에 아무것도 덧붙일 수 없고, 이 소여는 몇몇 공리로 귀착되므로 그 결론에서는 다른 어떤 것도 발견할 수 없을 것이다.

그 증명에 새로운 공리가 개입되지 않으면 어떤 정리도 새로울 수 없고, 추론을 통해 우리는 직접적 직관에서 빌려온 즉각적으로 명백한 진리만 부여받을 수 있다. 추론은 쓸데없는 매개자에 불과한 것이므로 모든 삼단논법적 장치는 오로지 우리의 빚을 감추는 데만 쓸모 있는 것은 아닌지 자문하게 되지 않을까?

수학에 관한 아무 책이나 펼쳐 보아도 모순은 더욱 두드러질 것이다. 어느 부분에서든 저자는 이미 알려진 명제를 일반화할 의도를 드러낼 것이다. 따라서 수학적 방법은 특수한 것에서 일반적인 것으로 나아가는가? 그렇다면 어떻게 연역적이라 할 수 있을까? 결국 수의 과학이 순수하게 분석적이었다면, 즉 몇몇 종합판단으로부터 분석적으로 도출될 수 있었다면, 예리한 지성은 그 모든 진리를 한눈에 알아차릴 수 있었을 것이다. 어디 그뿐인가! 심지어 언젠가는 진리를 그려 내기에 충분히 간결한 언어가 창조되어 평범한 이들도 진리를 즉각 포착할 수 있게 되는 기대를 할 수도 있었을 것이다.

만일 이러한 귀결을 받아들이지 않는다면, 수학적 추론은 그 자체로 일종의 창조력을 갖추고 있으므로 삼단논법과는 구별된다는 것을 인정해야 한다.

그 차이는 심각하기까지 할 것이다. 예컨대 동일한 일률적 연산을 크기가 같은 두 수에 적용하여 동일한 결과를 가져오는 이 규칙을 아무리 자주 사용해도 비밀의 열쇠를 발견할 수 없을 것이다.

이 모든 추론 방식은 본래적 의미에서의 삼단논법으로 환원되든 아니든 분석적인 성격을 유지하기 때문에 무력한 것이다.

II.

논쟁은 오래전부터 있었다. 앞서 라이프니츠는 2 더하기 2가 4임을 증명하려 했는데, 이를 조금 살펴보자.

1이라는 수와 주어진 수 x에 단위, 즉 1을 더하는 연산 $x+1$이 정의되어 있다고 가정한다.

이 정의는 그것이 무엇이든 간에 이후의 추론 과정에는 개입하지 않는다.

다음으로 숫자 2, 3, 4를 다음 등식에 따라 정의한다.

(1) $1+1=2$; (2) $2+1=3$; (3) $3+1=4$

마찬가지로 연산 $x+2$를 다음 관계에 따라 정의한다.

(4) $x+2=(x+1)+1$

그러면 다음이 성립한다.

$2+2=(2+1)+1$ (정의 4)

$(2+1)+1=3+1$ (정의 2)

$3+1=4$ (정의 3)

따라서 다음과 같은 증명이 성립된다.

$2+2=4$ 증명 끝.

이 추론이 순수하게 분석적임을 부정할 수 없을 것이다. 하지만 어떤 수학자에게 물어보아도 "이것은 엄밀한 의미에서의 증명이 아니라 검증이다"라고 대답할 것이다. 순수하게 규약적인 두 정의를 서로 비교하여 그 동일성을 확인했을 뿐, 어떠한 새로운 것도 알지 못한 것이다. **검증**은 순수 분석적이고 비생산적이라는 점에서 진정한 증명과는 명확히 다르다. 검증이 비생산적인 이유는 그 결론이 전제를 다른 언어로 번역한 것에 불과하기 때문이다. 반면 진정한 증명은 그 결론이 어떤 의미에서는 전제보다 더 일반적이기 때문에 생산적인 것이다.

이처럼 $2+2=4$라는 등식은 오로지 특수하기 때문에 검증이 가능했던 것이다. 수학에서의 특칭명제는 항상 그런 식으로 검증할 수 있다. 그러나 만일 수학이 이러한 검증들의 세열로 환원되어야 했다면, 과학이라 할 수 없었을 것이다. 예컨대 체스 기사가 상대를 이겼다고 해서

과학이 창조되는 것은 아니다. 과학은 일반적인 것에 관해서만 존재하기 때문이다.

정밀과학의 목적은 바로 이러한 직접적인 검증을 면제받으려는 것이라고까지 할 수 있다.

III.

이제 수학자의 작업 방식을 살펴보고 그 과정을 간파해 보자.

이는 쉬운 일이 아닌데, 저작들을 무작위로 펼쳐 보고 아무런 증명이나 분석을 하는 것만으로는 충분하지 않기 때문이다.

먼저 기하학을 배제해야 한다. 기하학에서는 공준의 역할과 공간 개념의 본성과 기원에 관한 까다로운 문제들이 논의를 복잡하게 만들기 때문이다. 또한 비슷한 이유로 무한소해석학에 호소할 수도 없다. 수학적 사유를 구해야 할 곳은 바로 그것을 순수하게 간직하고 있는 산술이다.

그런데 또 다른 선택이 필요하다. 수론의 고급 분야에서 본래의 수학적 개념은 이미 분석하기 어려울 만큼 깊이 정교화되었다.

따라서 우리가 구하는 설명은 초기의 산술에서 기대해야 하는데, 고전적 논문의 저자들이 가장 기본적인 정리의 증명만큼 명확함과 엄밀함을 가장 소홀히 드러내는 곳도 없다. 하지만 그들 잘못으로 돌려서는 안

된다. 단지 필요에 따랐을 뿐이기 때문이다. 초심자는 진정한 수학적 엄밀성에 대해 준비되지 않아 이를 쓸데없고 지겨운 궤변 정도로 치부할 것이기에, 일찍부터 많은 요구를 하게 만드느라 시간 낭비를 할 필요는 없다. 하지만 초심자는 수학의 창시자들이 천천히 가로질렀던 길을 신속하게 지나가되, 단계를 건너뛰지는 말아야 한다.

현명한 지성이라면 으레 순종해야 할 것 같은 완벽한 엄밀함에 익숙해지기 위해 왜 이렇게 긴 준비가 필요할까? 이는 깊이 생각해 볼 만한 논리학적이고 심리학적인 문제이다.

하지만 우리의 목적과는 관계없으므로 이에 골몰할 필요는 없다. 내가 강조하고 싶은 것은 다음과 같다. 우리의 목적에서 벗어나지 않으려면 가장 기본적인 정리들을 다시 증명해야 하며, 이는 초심자들의 싫증을 막기 위해 준비한 조잡한 형태가 아니라, 숙련된 수학자들까지도 만족시킬 수 있는 형태여야 한다는 것이다.

덧셈의 정의

주어진 수 x에 1을 더하는 연산 $x+1$이 사전에 정의되어 있다고 가정하자.

이 정의는 그것이 무엇이든 간에 이후의 추론 과정에서 아무런 역할도 하지 않을 것이다.

이제 주어진 수 x에 a라는 수를 더하는 연산 $x+a$를 정의하도록 하자.

다음 연산이 정의되어 있다고 가정하자.

$$x + (a-1)$$

다음 등식에 의해 $x+a$가 정의될 것이다.

(1) $x+a = [x+(a-1)]+1$

따라서 $x+(a-1)$이 어떤 것인지 알면 $x+a$가 어떤 것인지도 알게 되고, 처음에 $x+1$을 알고 있다고 가정했으므로 순차적, '회귀적으로' $x+2$, $x+3$ 등의 연산을 정의할 수 있을 것이다.

이 정의에서 잠깐 주의를 기울여야 할 것은 순수 논리적인 정의와는 이미 구별되는 특수한 성질을 띠고 있다는 점이다. 실제로 등식 (1)은 서로 다른 정의를 무수히 포함하며, 각각의 정의는 앞의 것을 알아야만 의미가 있는 것이다.

덧셈의 속성

결합법칙

다음이 성립한다.

$$a + (b+c) = (a+b) + c$$

확실히 $c=1$일 때 이 정리는 참이고, 다음과 같이 쓸 수 있다.

$$a + (b+1) = (a+b) + 1$$

이것은 기호만 다를 뿐, 조금 전 덧셈을 정의하는 데 이용했던 등식 (1)과 같은 것이다.

이 정리가 $c=\gamma$일 때 참이라 가정하면 $c=\gamma+1$일 때도 참일 것이

고, 다음 식이 주어진다면

$$(a+b)+\gamma = a+(b+\gamma)$$

여기에서 다음 식이 도출된다.

$$[(a+b)+\gamma]+1 = [a+(b+\gamma)]+1$$

또는 정의 (1)에 의해 다음 식이 성립한다.

$$(a+b)+(\gamma+1) = a+(b+\gamma+1) = a+[b+(\gamma+1)]$$

이는 순수 분석적인 일련의 연역을 통해 이 정리가 $\gamma+1$에 대해 참임을 보여 준다.

$c=1$일 때 참이므로 순차적으로 $c=2$, $c=3$, ……일 때도 참임을 알 수 있다.

교환법칙

1. 다음이 성립한다.

$$a+1 = 1+a$$

이 정리는 $a=1$일 때 명백히 참이고, 순수 분석적인 추론을 통해 $a=\gamma$일 때 참이라면 $a=\gamma+1$일 때도 참이라는 것을 **검증**할 수 있다. 그런데 $a=1$일 때 참이므로 $a=2$, $a=3$, ……일 때도 참이다. 이를 우리는 주어진 명제가 회귀적으로 증명되었다고 표현한다.

2. 다음이 성립한다.

$$a+b = b+a$$

이 정리는 방금 $b=1$일 때 증명되었으며, $b=\beta$일 때 참이라면

$b = \beta + 1$일 때에도 참일 것이라고 분석적으로 **검증**할 수 있다.

따라서 이 명제는 회귀적으로 증명된다.

곱셈의 정의

곱셈을 다음의 등식에 따라 정의하자.

$$a \times 1 = a$$

$$(2) \ a \times b = [a \times (b-1)] + a$$

등식 (2)는 등식 (1)처럼 무수한 정의를 포함하며, $a \times 1$이 정의되어 있으므로 등식 (2)에 따라 $a \times 2$, $a \times 3$, ……도 순차적으로 정의될 수 있다.

곱셈의 속성

분배법칙

다음이 성립한다.

$$(a + b) \times c = (a \times c) + (b \times c)$$

이 등식이 $c = 1$일 때 참이라는 것은 분석적으로 검증되며, 이 정리가 $c = \gamma$일 때 참이라면 $c = \gamma + 1$일 때도 참이다.

이 명제도 회귀적으로 증명된다.

교환법칙

1. 다음이 성립한다.

$$a \times 1 = 1 \times a$$

이 정리는 $a = 1$일 때 명백하다.

$a = \alpha$일 때 참이라면 $a = \alpha + 1$일 때도 참일 것임이 분석적으로 검증된다.

2. 다음이 성립한다.

$$a \times b = b \times a$$

이 정리는 방금 $b = 1$일 때 증명되었으며, $b = \beta$일 때 참이라면 $b = \beta + 1$일 때도 참일 것임이 분석적으로 검증된다.

IV.

이제 추론의 연쇄적인 단조로움을 중단하자. 그런데 이 단조로움 자체가 바로 단계마다 나타나는 일률적인 절차를 더욱 강조하는 것이다.

이 절차란 바로 회귀적 증명이다. 즉, 먼저 어떤 정리를 $n = 1$에 대해 확립하고, 다음으로 $n - 1$일 때 참이라면 n일 때도 참이라는 것을 보여 주고 나서 이로부터 모든 정수에 대해 참이라는 결론을 내리는 것이다.

위에서 우리는 덧셈과 곱셈의 규칙들, 즉 대수적 계산의 규칙들을 증명하는 데 이 절차를 어떻게 이용할 수 있는지 살펴보았다. 대수적 계산은 단순한 삼단논법보다 훨씬 더 다양한 조합에 적합한 변환 도구이지만, 이 또한 순수 분석적이기 때문에 새로운 어떤 것도 가르쳐 주지 못한다. 만일 수학이 그 밖의 다른 도구를 갖추지 못했다면 즉각 발전이 멈추었겠지만, 거듭 동일한 절차, 즉 회귀적 추론에 호소함으로써 계속해서 앞으로 나아갈 수 있는 것이다.

잘 살펴보면 이러한 추론 방식이 지금까지 부여했던 간단한 형식으로든, 다소 변경된 형식으로든 도처에 존재한다는 것을 알 수 있다.

따라서 이것이야말로 전형적인 수학적 추론이며, 이를 더 상세히 검토할 필요가 있다.

V.

회귀적 추론의 본질적인 성격은, 이를테면 하나의 공식으로 압축되어 있지만 무수한 삼단논법을 포함하고 있다.

이해를 돕기 위해 삼단논법을 차례로 명시해 보자. 이러한 표현이 용인된다면, 삼단논법은 마치 폭포처럼 연속적으로 배열된다고 할 수 있다.

이는 물론 가언적 삼단논법이다.

정리는 1에 대해 참이다.

그런데 1에 대해 참이라면 2에 대해서도 참이다.

따라서 정리는 2에 대해 참이다.

그런데 2에 대해 참이라면 3에 대해서도 참이다.

따라서 3에 대해 참이며, 이하 마찬가지다.

각 삼단논법의 결론이 그다음 삼단논법의 소전제가 된다는 것을 알 수 있다.

게다가 이 모든 삼단논법의 대전제는 단 하나의 공식으로 환원될 수 있다.

즉, 정리가 $n-1$에 대해 참이라면 n에 대해서도 참이다.

따라서 회귀적 추론에서는 첫 번째 삼단논법의 소전제와 모든 대전제를 특수한 경우로서 포함하는 일반적 공식만 명시할 뿐이라는 것을 알 수 있다.

결코 끝나지 않을 이러한 일련의 삼단논법은 이처럼 단 몇 줄의 문장으로 환원되는 것이다.

이제 어떤 정리의 각 특수한 귀결이, 위에서 설명했듯이 순수 분석적인 절차에 따라 검증될 수 있는 이유를 쉽게 이해할 수 있다.

만일 우리의 정리가 모든 수에 대해 참임을 증명하는 대신에, 예컨대 6에 대해 참이라는 것만 보여 주려 한다면 폭포처럼 이어지는 삼단논법 가운데 처음 5개를 확립하면 충분하고 10에 대해 증명하고 싶다면 9개가 필요할 것이다. 더 큰 수에 대해서는 더 많이 필요하지만 수가 아무리 커도 언제나 결국에는 끝에 도달하므로 분석적 검증이 가능하다.

하지만 우리가 제아무리 멀리까지 나아간다고 해도 결코 모든 수에 적용할 수 있는 일반적 정리에까지 이르지는 못할 것이다. 오로지 일반적 정리만 과학의 대상이 될 수 있는데, 거기에 이르려면 무수한 삼단논법이 필요하고, 오직 형식논리학적 수단에만 국한되어 있는 분석론자의 인내로는 결코 채우지 못할 심연을 극복해야 한다.

처음에 나는 왜 전체적인 수학적 진리를 한눈에 알아볼 정도의 강력한 지성을 떠올릴 수 없는지를 물었다.

이제 쉽게 대답할 수 있다. 체스 기사는 미리 네다섯 수手를 조합할 수 있지만, 그가 얼마나 비범하든 간에 대비할 수 있는 수는 유한하다. 그의 능력을 산술에 적용했을 때, 직접적 직관만으로는 그 일반적 진리를 발견할 수 없을 것이다. 가장 사소한 정리에 이르기 위해서도 그는 회귀적 추론의 도움을 뿌리칠 수 없는데, 바로 이것이 유한에서 무한으로 넘어갈 수 있는 유일한 도구이기 때문이다.

이 도구는 우리가 원하는 단계만큼 건너뛰게 해 준다는 점에서 항상 유용하다. 도저히 견디기 힘든, 길고 지루하고 단조로운 검증을 하지 않아도 되기 때문이다. 하지만 일반적인 정리를 목표로 하는 이상 분석적 검증을 통해 그 정리에 끊임없이 근접할 수는 있어도 실제로 도달할 수는 없기 때문에 이 도구는 불가결하게 된다.

이러한 산술 분야는 무한소해석학과 동떨어져 있다고 생각할 수 있다. 하지만 지금까지 살펴보았듯이 수학적 무한의 개념이 이미 지배적인 역할을 하고 있다. 이것이 없다면 일반적인 것은 존재하지 않으므로 과학 또한 결코 존재하지 않을 것이다.

VI.

회귀적 추론이 근거로 하는 판단은 다른 형태일 수도 있다. 예를 들면 서로 다른 정수들의 무한집합에서는 다른 어떤 수보다 작은 수가 늘 존재한다고 할 수 있다.

우리는 어떤 명제에서 다른 명제로 손쉽게 넘어갈 수 있고, 그렇게 회귀적 추론의 정당성을 증명했다고 착각할지도 모른다. 그러나 항상 가로막힐 것이다. 즉, 반드시 증명할 수 없는 공리에 맞닥뜨리게 될 것이다. 그런데 이러한 공리란, 근본적으로는 증명해야 할 명제가 다른 언어로 번역된 것에 불과하다.

따라서 우리는 회귀적 추론의 규칙이 모순율로 환원 불가능하다는 결론에서 벗어날 수 없다.

또한 이 규칙은 경험에서 얻을 수 있는 것도 아니다. 경험을 통해 알 수 있는 것은, 그 규칙이 예를 들어 처음 10개의 수에 대해, 혹은 처음 100개의 수에 대해 참이라는 것이다. 제한 없는 수열이 아니라 짧든 길든 늘 한정된 어떤 부분에만 이를 수 있다는 것이다.

그런데 그것만 문제라면 모순율로 충분하고, 언제든 원하는 만큼 삼단논법을 전개할 수 있다. 오로지 단 하나의 공식 안에 무한한 삼단논법이 포함되어 있는 경우에만, 오로지 무한에 대해서만 이 원리는 무너지고, 마찬가지로 경험도 무력해지는 것이나. 이 규칙은 분석적 증명이나 경험을 통해서는 접근할 수 없기 때문에 선험적 종합판단의 참된 전형이 되며, 다른 한편으로는 몇몇 기하학적 공준처럼 그로부터 하나의 규약을 정할 수도 없다.

그렇다면 왜 우리는 이 판단을 저항할 수 없는 자명한 것이라고 인정해야만 할까? 이는 어떤 작용이 한번 가능해지면 이와 동일한 작용의 끝없는 반복을 생각해 낼 수 있다고 자신하는 지성의 역능을 긍정하는 것과 다름없기 때문이다. 지성은 이 역능에 관한 직접적 직관을 가지며, 경험은 지성에 대해 직관을 이용하고 그에 따라 그것을 의식하게 되는 기회가 될 수밖에 없다.

하지만 만일 실험 자체만으로 회귀적 추론을 정당화할 수 없다면, 귀납의 도움을 받는 실험에 대해서도 마찬가지라고 할 수 있을까? 어떤 정리가 1, 2, 3, ……에 대해 순차적으로 참이라는 것을 보고 그 법칙은 명백하다고 말하는 것은, 모든 물리학적 법칙이 근거를 두는 관측 횟수가 상당히 많기는 하지만 한정되어 있다는 것과 동일한 맥락이다.

또한 귀납의 통상적 절차와 더불어 현저한 유사성이 있음을 부인할 수 없다. 그러나 본질적인 차이는 존속한다. 물리학에 적용되는 귀납법이 항상 불확실한 이유는 우주의 보편질서, 즉 우리의 외부에 존재하는 질서에 대한 확신에 기초하기 때문이다. 반면 수학적 귀납법, 즉 회귀적 증명이 필연적으로 강요되는 이유는 지성 자체의 한 속성을 긍정할 뿐이기 때문이다.

VII.

앞서 말했듯이 수학자들은 늘 그들이 얻은 명제를 **일반화**하려고 노력한다. 굳이 다른 예를 찾지 않더라도 우리는 조금 전에 다음의 등식을 증명했다.

$$a + 1 = 1 + a$$

그리고 이를 이용하여 명백히 더 일반적인 다음의 등식을 세웠다.

$$a + b = b + a$$

그러므로 수학도 다른 과학과 같이 특수한 것에서 일반적인 것으로 나아갈 수 있다.

이는 우리가 연구를 시작했을 때는 이해할 수 없을 것 같던 사실이지만, 회귀적 증명과 통상적인 귀납법의 유사성을 확인한 이후로 더 이상 어떠한 비밀스러운 것도 남지 않게 되었다.

회귀적인 수학적 추론과 귀납적인 물리학적 추론은 분명 서로 다른 근거에 기반하고 있지만, 같은 방향으로 평행하게, 즉 특수한 것에서 일반적인 것으로 나아가는 것이다.

이에 대해 조금 더 자세히 살펴보자.

다음 등식을 증명하려면

$$(1) \quad a + 2 = 2 + a$$

다음 규칙을 두 번만 적용하면 된다.

$$a + 1 = 1 + a$$

그러면 다음과 같이 쓸 수 있다.

(2) $a+2=a+1+1=1+a+1=1+1+a=2+a$

하지만 이처럼 등식 (1)로부터 순수 분석적인 경로에 따라 연역된 등식 (2)는 단순히 등식 (1)의 특수한 경우가 아니라 전혀 별개의 것이다.

따라서 수학적 추론의 진정 분석적이고 연역적인 부분에서조차 보통의 의미에서는 일반적인 것에서 특수한 것으로 나아간다고 할 수 없다.

등식 (2)의 양변은 단지 등식 (1)의 양변보다 더 복잡한 조합일 뿐이며, 분석은 이 조합에 들어 있는 요소를 분리하고 그 관계를 연구하는 데만 쓰인다.

따라서 수학자는 '구성을 통해' 나아가며, 더욱더 복잡한 조합을 '구성하는' 것이다. 그 후에는 이 조합들, 말하자면 이 총체들을 분석하여 본래의 요소로 되돌아옴으로써 그 요소들의 관계를 식별하고 거기에서 총체들의 관계를 연역해 낸다.

이 과정은 순수 분석적이기는 하지만, 일반적인 것에서 특수한 것으로 나아가는 것은 아니다. 왜냐하면 명백히 총체는 그 요소보다 더 특수한 것으로 간주할 수 없기 때문이다.

우리는 이러한 '구성' 방법에 중대한 의의를 정당히 부여했고, 거기서 정밀과학의 발전을 위한 필요충분조건을 알아내려고 했다.

필요조건은 맞지만 충분조건은 아니다.

어떤 구성이 유용하고 지성의 헛된 고역이 되지 않으려면, 즉 더 높이 오르려는 자에게 디딤돌이 되려면 먼저 그 요소들을 나열하는 것 이상의 무언가를 볼 수 있도록 일종의 통일성을 갖추어야 한다.

더 정확히는 요소들 자체보다 구성을 주시하는 데 어떤 이점이 있어야 한다.

여기서 이점이란 무엇일까?

예컨대 다각형은 삼각형으로 분해할 수 있는데, 왜 그 다각형에 대해서만 추론하고, 그 요소인 삼각형에 대해서는 추론하지 않을까?

임의의 수의 변을 갖는 다각형에 관해 증명할 수 있는 속성은 임의의 특수한 다각형에도 적용할 수 있기 때문이다.

대부분의 경우에는 요소인 삼각형 간의 관계를 오랜 기간 직접 연구해야만 그 속성을 발견할 수 있지만, 일반정리의 지식이 있다면 이러한 수고를 덜 수 있다.

따라서 구성은 다른 유사한 구성들과 나란히 놓여 동일한 '속屬'에 포함되는 '종種'을 형성할 때만 흥미로워진다.

만일 사각형이 두 삼각형이 나란히 놓인 것 이상의 무엇이라면, 그것은 다각형 '속'에 속하기 때문이다.

또한 '속'의 속성을 각 '종'에 대해 순차적으로 확립하도록 강요받지 않아도 증명할 수 있어야 한다. 이를 위해서는 하나 이상의 단계를 거쳐 반드시 특수한 것에서 일반적인 것으로 거슬러 올라가야 한다.

'구성을 통한' 분석적 방법은 우리를 그로부터 끌어내리지는 않지만, 같은 수준에 둔다.

우리는 유일하게 새로운 것을 가르쳐 주는 수학적 귀납법을 통해서만 올라갈 수 있다. 어떤 면에서는 물리학적 귀납법과 다르지만 그것만큼 생산적인 수학적 귀납법의 도움 없이 구성만으로는 과학을 창조할 수 없다.

　마지막으로 이 귀납법은 동일 연산이 끝없이 반복될 수 있을 때만 가능하다는 점에 주의하자. 체스의 이론이 결코 과학이 될 수 없는 것은 바로 한 시합에서의 다양한 수手가 서로 유사하지 않기 때문이다.

수학적 양과 경험

       수학자들이 연속을 어떠한 의미로 이해하는지 알고 싶다면, 이를 기하학에 바라서는 안 된다. 기하학자들은 정도의 차이는 있지만 항상 자신이 연구하는 도형을 표상하려 하는데, 그들에게 표상이란 도구에 불과하다. 마치 분필을 다루듯 연장延長을 사용하여 기하학을 연구하는 것이다. 그래서 보통 분필이 희다는 정도 이상의 아무런 의미도 없는 사항을 너무 중시하지 않도록 주의해야 한다.

    순수 해석학자들은 이런 위험을 겁낼 이유가 없다. 그들은 수학에서 모든 이물적인 요소를 제거했기 때문에 수학자들이 논하는 연속이란 정확히 무엇인가라는 우리의 질문에 대답할 수 있다. 그들 가운데 자신의 기법에 관해 반성할 줄 아는 많은 자가 이미 이에 대해 대답하고 있는 것이다. 예를 들어 탄네리Jules Tannery는 그의 저서 『일변수함수론 입문』*Introduction à la théorie des Fonctions d'une variable*에서 이를 다루고 있다.

정수의 사다리에서부터 시작해 보자. 연속되는 두 가로대 사이에 하나 이상의 중간 가로대를 끼워 넣고, 이 새로운 가로대 사이에 다시 또 다른 가로대를 끼워 넣는 것을 끊임없이 반복한다. 이렇게 우리는 무한한 수의 항을 얻고, 이들은 분수, 유리수 혹은 통약 가능한 수라 불릴 것이다. 하지만 아직 충분하지 않다. 이미 무수한 항들 사이에 또다시 무리수 혹은 통약 불가능한 수라 불리는 다른 항들을 끼워 넣어야 하기 때문이다.

논의가 더 진전되기에 앞서 주의해야 할 것이 있다. 이처럼 파악된 연속은 어떤 순서에 따라 나열된 개체의 집합에 불과한데, 그 수가 무한한 것은 사실이지만 서로에 대해 **외재적**이라는 것이다. 이는 통상적인 관념과는 다르다. 보통은 연속적인 요소들 사이에 일종의 긴밀한 연관성이 상정되어 요소들이 하나의 전체를 이루고, 점이 선보다 선재하는 것이 아니라 선이 점보다 선재한다고 생각되기 때문이다. 어떤 유명한 공식에 따르면 "연속은 다수성 속의 단일성"이지만, 이 가운데 다수성만 남아 있고 단일성은 사라졌다. 해석학자들이 연속을 자신의 방식대로 정의한 것은 옳다고 할 수 있다. 왜냐하면 스스로 엄밀하다고 자부한 이래 늘 연속에 대해 논의해 왔기 때문이다. 하지만 진정한 수학적 연속은 물리학자나 형이상학자가 말하는 연속과는 전혀 다르다는 데 주의하는 것으로 충분하다.

이 정의에 만족하는 수학자들은 말에 속고 있다고 할 수 있을지 모른다. 또한 중간 가로대들 각각이 무엇인지 명확히 나타나야 하고, 그것들이 어떻게 삽입되어야 하는지 설명되어야 하며, 그러한 일이 가능하다는 것이 증명되어야 한다고 말할 수 있을지도 모른다. 그러나 이는 틀렸다. 수학자들의 추론[1]에 이용되는 이 가로대의 유일한 속성은 다른 여러 가로대의 앞이나 뒤에 있다는 것이다. 따라서 이러한 속성만 정의에 포함되어야 한다.

그렇기 때문에 중간 항을 끼워 넣는 방식에 대해서는 걱정할 필요가 없으며, 기하학의 언어에서 '가능하다'는 말은 단순히 '모순에 빠지지 않는다'는 의미임을 망각하지 않는 한 아무도 그러한 조작의 가능성을 의심하지 않을 것이다.

그런데도 우리의 정의는 아직 완전하지 않다. 꽤 긴 여담을 하고 나서 다시 논의하기로 한다.

무리수의 정의

베를린학파의 수학자들, 특히 크로네커는 정수 이외의 다른 재료를 사용하지 않고 분수와 무리수로 이루어진 연속의 사다리를 구축하는 데 몰두했다. 이러한 관점에서 수학적 연속은 경험의 관여를 배제한 순수 지성의 창조물이라 할 수 있다.

---

1 여기에는 덧셈을 정의하는 데 이용하는 특수한 규약에 포함되는 속성도 들어 있는데, 이는 뒤에서 다룬다.

유리수 개념에 대해서는 어떤 어려움도 없었기 때문에, 그들은 주로 무리수를 정의하려 애썼다. 하지만 그들의 정의를 그대로 소개하기에 앞서, 기하학자들의 습성에 익숙하지 않은 독자들이 놀라지 않도록 한 마디 해 두어야 하겠다.

수학자들이 연구하는 것은 대상이 아니라 대상들 사이의 관계다. 따라서 그들에게는 대상이 다른 것으로 대체되어도 그 관계만 변하지 않으면 상관없다. 그들에게 질료는 중요하지 않다. 오로지 형상에만 관심이 있는 것이다.

이를 염두에 두지 않으면 데데킨트Julius Wilhelm Richard Dedekind가 왜 간단한 상징을 **무리수**라고 불렀는지 이해하지 못할 것이다. 이는 양에 대해 우리가 품고 있는 관념, 즉 잴 수 있고 대부분 만질 수 있다는 것과는 전혀 다른 것이다.

이제 데데킨트의 정의가 무엇인지 살펴보자.

무리수를 두 조로 나누는 방식은, 첫 번째 조에 속하는 임의의 수가 두 번째 조의 임의의 수보다 더 크다는 조건을 채택하면 무한히 많을 것이다.

첫 번째 조의 수들 가운데 다른 어떤 수보다도 작은 수가 있을 수 있다. 예컨대 만일 첫 번째 조에 2보다 큰 모든 수와 2를 나열하고 두 번째 조에 2보다 작은 모든 수를 나열하면, 분명히 2가 첫 번째 조에서 가장 작은 수가 된다. 이때 2라는 수를 이 분할의 상징으로 택할 수 있다.

반대로 두 번째 조의 수들 가운데 다른 어떤 수보다도 큰 수가 있을

지도 모른다. 이런 경우는, 예컨대 첫 번째 조가 2보다 큰 모든 수를 포함하고 두 번째 조가 2보다 작은 모든 수와 2를 포함할 때 생기며, 이때도 2라는 수를 이 분할의 상징으로 택할 수 있을 것이다.

하지만 첫 번째 조에 다른 어떤 수보다 작은 수가 없고, 두 번째 조에도 다른 어떤 수보다 큰 수가 없는 경우도 있을 수 있다. 예컨대 첫 번째 조에 제곱수가 2보다 큰 모든 유리수를, 두 번째 조에는 제곱수가 2보다 작은 모든 유리수를 넣는다고 가정하자. 제곱수가 정확히 2인 유리수가 없다는 것은 누구나 알고 있다. 첫 번째 조에서 다른 어떤 수보다도 작은 수는 당연히 없을 것이다. 어떤 수의 제곱수가 아무리 2에 가깝다고 해도 그보다 2에 더 가까운 제곱수를 가진 유리수는 항상 존재하기 때문이다.

데데킨트의 관점에서 무리수 $\sqrt{2}$는 다름 아닌 유리수를 분할하는 이러한 특수한 방법의 상징이며, 각각의 분할법은 이처럼 상징으로서 쓰이는 유리수 또는 무리수에 대응한다.

하지만 이것으로 만족한다면 이 상징의 기원을 완전히 망각한 것이라 할 수 있다. 이 상징에 왜 일종의 구체적 존재를 부여해야 했는지 아직 설명되지 않았으며, 더구나 분수에 대해서까지 이런 어려움이 생길 것이다. 만일 무한히 나누어질 수 있다고 생각되는 질료, 즉 연속과 같은 것을 사전에 알지 못했다면 우리는 분수의 개념을 가질 수 있었을까?

물리적 연속

수학적 연속의 개념은 단지 경험으로부터 도출되는 것은 아닌지 자문하게 된다. 만일 그러하다면 가공되지 않은 경험적 소여, 즉 우리의 감각은 측정할 수 있을 것이다. 최근 감각을 측정하기 위한 노력 끝에 그 법칙까지도 정립되었기 때문에 정말 감각의 측정이 가능하다고 믿고 싶은 사람도 있을 것이다. 페히너의 법칙으로 알려져 있는 이것에 따르면, 감각은 자극의 로그에 비례한다.

그러나 이 법칙을 세우기 위해 고안된 실험을 면밀히 검토해 보면 정반대의 결론에 이르게 된다. 예컨대 10그램인 무게 A와 11그램인 무게 B가 동일한 감각을 만들어 내고, 무게 B는 12그램인 무게 C와 더 이상 구별될 수 없지만, 무게 A와 무게 C는 쉽게 구별된다는 것을 관찰했다고 하자. 따라서 가공되지 않은 경험적 결과는 다음과 같은 관계식으로 표현된다.

$$A = B, \ B = C, \ A < C$$

이는 물리적 연속의 공식으로 간주할 수 있다.

여기에 모순율과 양립할 수 없는 불일치가 존재하기 때문에, 이 불일치를 제거할 필요성에 따라 우리는 수학적 연속을 고안해야 했던 것이다.

그러므로 이 개념은 철저히 지성에 의해 창조되었다고 결론지을 수밖에 없는데, 그 기회를 부여한 것은 바로 경험이다.

우리는 제3의 양과 등가인 두 양이 서로 등가가 아니라는 것을 믿을 수 없다. 그리하여 A는 B와 다르고 B는 C와 다르지만, 우리의 감각이 불완전하기 때문에 구별할 수 없었던 것이라고 가정하게 되는 것이다.

수학적 연속의 창조

첫 번째 단계

지금까지는 사실을 설명하는 데 A와 B 사이에 이산적인 몇몇 항을 끼워 넣는 것으로 충분했다. 이제 감각의 약점을 보완하기 위해 어떤 도구를 쓴다면, 예컨대 현미경을 사용한다면 어떻게 될까? 조금 전의 A와 B처럼 서로 구별할 수 없었던 항들이 이제 구별되어 보이겠지만, 구별 가능해진 A와 B 사이에 A와도 B와도 구별되지 않는 새로운 항 D가 삽입될 것이다. 아무리 완벽에 가까운 방법을 이용한다고 해도 우리가 경험을 통해 얻는 가공되지 않은 결과에는 언제나 물리적 연속의 성격이 그와 불가분한 모순과 함께 나타날 것이다.

우리는 이미 구별된 항들 사이에 새로운 항을 끊임없이 삽입해야만 여기에서 벗어날 수 있다. 하지만 이런 조작은 한없이 계속되어야 한다. 이를 중단하려면 마치 망원경이 은하를 별들로 분해하듯이 물리적 연속을 이산적인 요소들로 분해할 만큼 충분히 강력한 어떤 도구를 생각해 낼 수 있어야 하지만, 그런 것을 생각해 낼 수는 없다. 실제로 우리는 항상 감각을 통해서만 도구를 사용하기 때문이다. 우리는 눈을 통해 현미경으로 확대된 상(像)을 관찰하므로 이 상은 늘 시각적 성질을, 따라서 물리적 연속의 성질을 유지한다.

직접 관측된 길이와 그 길이의 절반이 현미경을 통해 두 배로 확대된 것은 전혀 구별할 수 없다. 전체는 부분과 동질적이라는 것인데, 이는 새로운 모순이다. 더 정확히 말하면 항의 수가 유한하다고 가정하면 모순이다. 분명 전체보다 적은 수의 항을 포함하는 부분은 전체와 닮은 것일 수 없기 때문이다.

항의 수가 무한하다고 간주되어야 모순은 사라진다. 예컨대 정수의 집합을 그 일부에 불과한 짝수의 집합과 닮았다고 여겨도 아무 문제가 없다. 실제로 각각의 정수는 그 두 배인 짝수에 대응하기 때문이다.

하지만 지성이 무한한 수의 항으로 이루어진 연속의 개념을 창조하게 된 것은 단지 경험적 소여에 포함된 이러한 모순을 피하기 위해서만은 아니다.

모든 것은 마치 정수의 계열에서처럼 일어난다. 우리에게는 하나의 단위가 단위들의 집합에 덧붙여질 수 있다고 생각할 능력이 있고, 경험 덕분에 이 능력을 발휘할 기회가 생기며, 또한 그것을 자각하고 있다. 하지만 그 순간부터 우리의 역량에는 한계가 없다고, 즉 지금까지 유한 개의 대상밖에 세어 보지 않았는데도 무한히 셀 수 있다고 느끼게 된다.

마찬가지로 어떤 계열의 연속되는 두 항 사이에 중간 항을 끼워 넣자마자 우리는 이러한 조작이 모든 한계를 뛰어넘어 계속될 수 있다고, 이를테면 이것이 중단되어야 할 어떤 내재적 이유도 없다고 느끼게 된다.

간단히 설명하기 위해 유리수의 사다리와 동일한 법칙에 따라 형성된 항들의 모든 집합을 일차 수학적 연속이라고 부르기로 한다. 만일 그 다음에 무리수 형성의 법칙에 따라 새로운 가로대를 끼워 넣는다면, 이차 연속이라는 것을 얻게 될 것이다.

두 번째 단계

이제 막 첫걸음을 내딛었을 뿐이다. 우리는 일차 연속의 기원을 설명했지만, 이제 왜 그것만으로는 충분하지 못한지, 왜 무리수가 고안되어야 했는지를 살펴보아야 한다.

하나의 선을 상상하려 한다면, 그것은 물리적 연속의 성질밖에 띨 수 없다. 즉, 어떤 폭을 가진 것으로서만 상상할 수 있다. 따라서 2개의 선은 폭이 좁은 2개의 띠 형태로 보이고, 만일 이러한 조잡한 이미지에 만족한다면, 2개의 선이 교차할 때 분명히 어떤 공통부분이 생길 것이다.

그러나 순수기하학자들은 더욱 노력하여 감각의 도움을 완전히 포기하지 않고도 폭 없는 선, 넓이 없는 점의 개념에 도달하려 한다. 폭이 점점 좁아지는 띠의 극한을 선으로, 크기가 점점 작아지는 넓이의 극한을 점으로 간주해야만 그에 이를 수 있는데, 2개의 띠는 폭이 아무리 좁아져도 항상 공통의 넓이를 가질 것이다. 폭이 좁아질수록 공통의 넓이도 작아지는데, 그 극한을 순수기하학자들은 점이라고 한다.

바로 이러한 이유에서 교차하는 2개의 선은 교점을 가진다고 하는 것인데, 이 진리는 직관적인 것 같다.

그러나 선을 일차 연속이라고 생각하면, 즉 기하학자가 그린 선 위에 유리수의 좌표를 갖는 점들만 있어야 한다면 모순이 초래되고, 그 모순은 예를 들어 직선과 원의 존재를 인정하는 즉시 명백해질 것이다.

만일 유리수의 좌표를 갖는 점만 실재한다고 여긴다면, 정사각형의 내접원과 그 정사각형의 대각선은 그 교점의 좌표가 무리수인 이상 분명 교차하지 않을 것이다.

이는 아직 불충분하다. 이처럼 얻을 수 있는 것은 무리수 전체가 아닌 그 일부에 지나지 않기 때문이다.

하지만 2개의 반직선으로 나뉜 하나의 직선을 상상해 보자. 우리의 상상 속에서 이 각각의 반직선은 폭을 가진 띠처럼 나타나고, 한편으로 이 띠들은 그 사이에 간격이 없어야 하므로 서로 침범할 것이다. 점점 더 가늘어지는 띠를 상상하려 해도 그 공통부분은 항상 존속하는 하나의 점처럼 나타나므로, 하나의 직선이 2개의 반직선으로 나뉘면 그 공통의 경계는 점이라는 것이 직관적 진리로서 인정되는 것이다. 여기서 우리는 무리수를 유리수로 이루어진 두 조의 공통 경계라 생각하는 크로네커의 개념을 알 수 있다.

이것이 본래적 의미에서의 수학적 연속, 즉 이차 연속의 기원이다.

요약

요컨대 지성에는 상징을 창조할 능력이 있기 때문에 상징의 특수한 체계에 불과한 수학적 연속을 구축한 것이다. 그 역능을 제한하는 것은 모든 모순을 피해야 한다는 것뿐이지만, 지성은 경험에서 동기를 부여받을 때만 그것을 이용한다.

우리의 논의에서 동기란 가공되지 않은 감각의 소여로부터 이끌어진 물리적 연속의 개념이었지만, 이 개념은 일련의 모순을 가져오기 때문에 이로부터 차례차례 벗어나야 한다. 따라서 우리는 점점 더 복잡한 상징의 체계를 고안하도록 강요받는 것이다. 우리가 추구해야 하는 것은 단지 내부 모순에 빠지지 않는 것뿐만이 아니다. 이는 이미 우리가 극복한 모든 단계에서 이룬 것이다. 직관적이라 할 수 있는 다소 다듬어진 경험적 개념으로부터 이끌어 낸 여러 명제와도 더 이상 모순이 없어야 한다.

측정 가능한 양

우리가 지금까지 다룬 양은 **측정 가능한** 양이 아니다. 어떤 양이 다른 양보다 크다고는 할 수 있지만, 두 배 또는 세 배 크다고는 할 수 없는 것이다.

사실 지금까지는 항의 배열 순서에만 신경을 썼는데, 이는 대부분의 응용에 충분하지 않으며 임의의 두 항을 분리하는 간극을 어떻게 비교하는지 알아야 한다. 오로지 이러한 조건에서만 연속이 측정 가능한 양이 되고, 산술의 연산을 적용할 수 있다.

이는 새롭고 특수한 **규약**의 도움을 받아야만 가능하다. 우리는 항 A와 B 사이에 놓인 간극이 항 C와 D를 분리하는 간극과 크기가 같다고 **규약할 것이다.** 예컨대 우리는 작업 초반부에 정수의 사다리에서 시작하여 인접한 2개의 가로대 사이에 n개의 중간 가로대가 삽입된다고 가정했다. 이제 이 새로운 가로대들은 규약에 의해 간극이 서로 같다고 여긴다.

이것이 두 양의 덧셈을 정의하는 하나의 방식이다. 만일 간극 AB가 정의에 따라 간극 CD와 같다면, 간극 AD는 정의에 따라 간극 AB와 AC의 합이 될 것이기 때문이다.

이 정의는 상당한 정도까지 자의적이지만 완전히 그런 것은 아니다. 어떤 조건, 예컨대 덧셈의 교환법칙과 결합법칙을 만족시켜야 하기 때문이다. 하지만 선택된 정의가 이 법칙들을 만족하기만 하면, 그 선택은 아무래도 상관없고 명확히 밝힐 필요도 없다.

비고 Remarque

몇몇 중요한 질문을 제기할 수 있다.

1. 지성의 창조력은 수학적 연속의 창조로 인해 고갈될까?

아니다. 그렇지 않다는 것이 뒤부아–레이몽du Bois-Reymond의 작업에 놀라운 방법으로 증명되어 있다.

수학자들은 위수位數가 다른 무한소들을 구별하는데, 이위 무한소는 절대적으로도 무한히 작을 뿐만 아니라 일위 무한소에 비해서도 무한히 작다고 알려져 있다. 위수가 분수거나 심지어 무리수인 무한소까지도 어렵지 않게 생각해 낼 수 있으며, 여기서 다시 앞에서 다루었던 수학적 연속의 사다리가 발견된다.

뿐만 아니라 위수가 1인 무한소에 비해서는 무한히 작지만, 반대로 ε이 아무리 작아도 위수가 $1+\varepsilon$인 무한소에 비해서는 무한히 큰 무한소도 존재한다. 그래서 우리의 계열에 새로운 항들이 삽입되며 일종의 삼차 연속을 창조했다고 할 수 있다. 이 용어는 관용적으로 인정된 것은 아니지만 매우 편리하다.

손쉽게 더 멀리 나아갈 수도 있지만, 이는 지성의 무익한 장난에 지나지 않는다. 아무도 신경 쓰지 않을, 응용할 수 없는 상징만 생각해 낼 것이기 때문이다. 무한소의 여러 위수에 관해 검토하면서 이르게 된 삼차 연속조차 잘 쓰이지 않아 인용될 권리를 부여받지 못했고, 기하학자들에게 단순한 호기심의 대상으로서만 여겨진다. 지성은 경험이 필요성을 불러일으킬 때만 창조적 능력을 발휘하는 것이다.

2. 한번 수학적 연속의 개념을 가지면, 이를 탄생시킨 것과 유사한 모순으로부터는 벗어나게 될까?

아니다. 하나의 예를 들어 보자.

학식이 깊은 수학자만 모든 곡선이 접선을 갖는 것은 명백하지 않다고 여긴다. 실제로 곡선과 직선을 폭이 좁은 2개의 띠로 생각하면, 언제든 그것들이 교차하지 않고도 공통부분을 갖도록 배치할 수 있다. 다음으로 이 두 띠의 폭이 한없이 좁아진다고 상상해 보자. 그 공통부분은 늘 존속할 것이고, 이를테면 그 극한에서 두 선은 교차하지 않고도 교점을 가질 것이다. 즉, 접할 것이다.

이런 식으로 추론하는 기하학자는 의식적이든 아니든 교차하는 두 선이 교점을 가진다는 것을 증명하기 위해 앞서 사용했던 방식만 이용하기 때문에, 그들의 직관 역시 정당하게 보일 수 있다.

하지만 그 직관에 속고 있는 것이다. 만일 곡선이 해석적으로 이차연속이라고 정의되어 있다면, 접선이 없는 곡선의 존재를 증명할 수 있기 때문이다.

분명 앞서 논의했던 것과 유사한 어떤 기법으로써 모순을 소거할 수는 있지만, 이는 매우 예외적인 경우에만 나타나기 때문에 걱정할 필요가 없다. 우리는 직관과 해석을 조화시키려 하지 않고 둘 중 하나를 희생하려고만 하는데, 해석은 결점이 없는 것이어야 하므로 그 과오는 바로 직관에 돌려지는 것이다.

다차원多次元의 물리적 연속

앞서 나는 물리적 연속을 우리의 감각으로부터 얻은 직접 소여에서 생겨난 것으로서, 혹은 차라리 페히너의 실험을 통한 가공되지 않은 결과로부터 생겨난 것으로서 논의했고, 그 결과가 다음의 모순된 공식으로 요약된다는 것을 보였다.

$$A=B, \ B=C, \ A<C$$

이제 이 개념이 어떻게 일반화되는지, 그로부터 다차원 연속의 개념이 어떻게 도출될 수 있었는지 살펴보자.

감각의 집합 가운데 임의의 2개를 고찰해 보자. 우리는 그것들을 서로 구별할 수 있거나 없거나 둘 중 하나인데, 바로 페히너의 실험에서 10그램의 무게는 12그램의 무게와 구별할 수 있지만 11그램의 무게와는 구별할 수 없었던 것과 마찬가지다. 이것이 다차원 연속을 구축하는 데 필요한 전부다.

이러한 감각의 집합 중 하나를 요소라고 하자. 이는 수학자들이 말하는 '점'과 유사한 어떤 것이라고 할 수 있지만, 완전히 똑같은 것은 아니다. 이러한 요소가 넓이를 갖지 않는다고 할 수 없는 것은 이 요소를 인접 요소들과 구별할 수 없기 때문이다. 이는 일종의 안개에 덮여 있는 것과 같다. 만일 천문학적으로 비유한다면 수학적 점은 별과 같고, 우리가 말하는 '요소'는 성운과 같은 것이다.

이를 받아들이고 나서, 만일 각 요소가 바로 앞의 요소와 구별될 수 없도록 연관되어 있는 연속적 요소의 계열을 통해, 이들 가운데 임의의 한 요소에서 임의의 다른 한 요소로 넘어갈 수 있다면, 요소의 체계는 연속을 형성할 것이다. 이 연쇄는 수학자들이 말하는 선에, 분리된 요소는 점에 대응되는 것이다.

더 나아가기에 앞서 절단이 무엇인지 설명해야겠다. 하나의 연속 C를 상정하고, 그 연속 요소들 중 어떤 것을 잘라 내어 더 이상 그 연속에 속하지 않는다고 간주하자. 이렇게 잘린 요소들의 집합을 절단이라고 한다. 이 절단으로 인해 C는 서로 다른 여러 연속으로 분할되고, 남아 있는 요소들의 집합은 독자적인 연속을 형성하지 않게 된다.

그러면 C 위에 두 요소 A, B가 있을 것이고, 이들은 서로 다른 두 연속에 속한다고 간주되어야 한다. 왜냐하면 이 연쇄 요소들 중 하나가 절단 요소들 중 하나와 구별되는 한, 따라서 배제되어야 하지 않는 한 A에서 출발하여 B를 향해 가는 C의 연속된 요소들의 연쇄를 찾을 수 없고, 각 요소는 바로 앞의 요소와 구별될 수 없기 때문이다.

이와 반대로 절단이 이루어져도 연속 C를 분할하는 데 충분하지 않을 수도 있다. 물리적 연속을 분류하려면 이를 분할하기 위해 어떤 절단이 필요한지 명확히 검토해야 한다.

만일 물리적 연속 C가 서로 구별 가능한 유한개의 요소로 한정된 (따라서 하나의 연속도 여러 연속도 형성하지 못하는) 하나의 절단에 의해 분할될 수 있다면, 우리는 C를 **일차원** 연속이라고 한다.

이와 달리 C가 그 자체로 연속을 이루는 절단에 의해서만 분할될 수 있다면, 우리는 C를 다차원을 가진다고 한다. 만일 그 절단이 일차원 연속이라면 C는 이차원을 가진다고 하고, 이차원 절단이라면 C는 삼차원을 가진다고 하며, 이하 마찬가지다.

이와 같이 감각의 두 집합은 구별 가능하거나 불가능하다는 매우 단순한 사실에 의해 다차원 물리적 연속의 개념이 정의되는 것이다.

다차원의 수학적 연속

여기에서 n차원 수학적 연속의 개념이 자연스럽게 이끌어지는데, 그 과정은 이 장 초반부에서 논의한 것과 매우 비슷하다. 주지하다시피 이와 같은 연속의 한 점은 그 점의 좌표라 불리는 서로 다른 n개 양의 체계에 의해 정의된다고 생각된다.

이 양이 항상 측정 가능할 필요는 없다. 예컨대 기하학의 어떤 분야에서는 양의 측정은 문제 삼지 않고, 예를 들어 곡선 ABC 위에서 점 B

가 점 A와 점 C 사이에 있는지를 아는 데만 몰두할 뿐, 호 AB의 길이가 호 BC의 길이와 같은지, 아니면 그 두 배인지는 알려고 하지 않는데, 바로 이것이 **위치해석**[위상기하]Analysis Situs이다.

이는 가장 훌륭한 기하학자들의 주목을 받은 학설의 본체이며, 그로부터 일련의 뛰어난 정리가 차례로 이끌어졌다. 이 정리들은 순수하게 질적이라는 점에서 보통의 기하학적 정리와 구별된다. 예를 들어 서투른 제도사가 도형을 모사하여 그 비율이 조잡하게 왜곡되고 직선이 다소 휜 곡선으로 바뀌어도 이 정리들은 여전히 참이라는 것이다.

우리가 정의한 연속에 측정을 도입하려 할 때, 비로소 이 연속은 공간이 되고 기하학이 탄생한다. 이에 대한 논의는 2부에서 다룬다.

2부

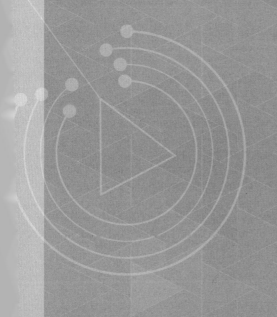

공간

비유클리드기하학

모든 결론은 전제를 가정한다. 이 전제 자체는 스스로 자명하여 증명이 필요하지 않거나, 다른 명제들에 의지해야만 확립될 수 있다. 그런데 이런 식으로 한없이 거슬러 오를 수만은 없기 때문에 모든 연역적 과학, 특히 기하학은 증명할 수 없는 일정수의 공리에 기반을 두어야 한다. 그래서 모든 기하학적 저술은 공리를 명시하면서 시작된다. 하지만 공리들 사이에 구별해야 할 것이 있는데, 예컨대 "제3의 양과 크기가 같은 2개의 양은 서로 크기가 같다"와 같은 것은 기하학의 명제가 아니라 해석학의 명제이다. 나는 이를 선험적 분석판단이라 여기고 관심을 두지 않을 것이다.

그러나 이와 달리 기하학 특유의 공리는 강조할 것이다. 대부분의 기하학적 저술은 다음 세 가지를 명기하고 있다.

1. 두 점을 지나는 직선은 하나뿐이다.

2. 직선은 두 점 사이의 최단거리다.

3. 한 점을 지나고 주어진 직선에 평행한 직선은 하나뿐이다.

이들 중 두 번째 공리의 증명은 보통 생략되지만, 다른 두 공리와 언명되지 않고 암묵적으로 인정되는 훨씬 더 많은 공리로부터 연역해 낼 수 있다. 이에 관해서는 뒤에서 설명한다.

유클리드의 공준으로 알려진 세 번째 공리의 증명 역시 오랫동안 시도되었지만 허사였다. 이러한 비현실적인 희망에 소모된 노력은 실로 상상할 수 없을 정도다. 마침내 19세기 초 거의 동일한 시기에 러시아와 헝가리의 두 수학자, 로바체프스키Nikolai Lobachevsky와 보여이János Bolyai는 이 증명이 불가능하다는 것을 반론의 여지없이 확립했다. 그들은 유클리드의 공준 없이 기하학을 궁리하는 자들로부터 우리를 거의 해방시켜 주었고, 그 후로 과학아카데미는 한 해에 거의 한두 건만 새로운 증명을 받아들이게 되었다.

그러나 문제가 완전히 해결된 것은 아니었다. 오래 지나지 않아 리만의 유명한 논문인 『기하학의 기초에 놓인 가설에 관하여』*Über die Hypothesen welche der Geometrie zum Grunde liegen*가 출판되면서 큰 진보를 이루게 된 것이다. 이 짧은 논문은 최근의 대부분의 연구에 영감을 주었는데, 이 작업들에 대해서는 뒤에서 논하겠지만, 그중 벨트라미Eugenio Beltrami와 헬름홀츠Hermann von Helmholtz의 작업을 먼저 언급하는 것이 좋겠다.

로바체프스키기하학

만일 다른 공리들로부터 유클리드의 공준을 연역할 수 있다면, 그 공준을 부정하고 다른 공리들을 받아들이면 모순된 귀결에 이르게 되기 때문에, 일관된 기하학의 기반을 이런 전제에 둘 수는 없다.

그런데 바로 이것이 로바체프스키가 한 일이다. 처음에 그는 다음과 같이 가정한다.

한 점을 지나고 주어진 직선에 평행한 직선은 2개 이상 그을 수 있다.

게다가 그는 유클리드의 나머지 공리들을 모두 유지시키는데, 위의 가설로부터 서로 간에 어떤 모순도 지적할 수 없는 일련의 정리를 차례로 연역해 내어 유클리드기하학에 뒤지지 않을 만큼 논리적으로 완전무결한 기하학을 구축한다.

물론 그 정리들은 우리에게 익숙한 것들과는 매우 상이해서 처음에는 약간 당황하게 된다.

예컨대 삼각형 내각의 합은 항상 2직각[=평각]보다 작으며, 그 차는 삼각형의 넓이에 비례한다.

주어진 도형과 닮음이지만 크기가 다른 도형은 작도할 수 없다.

원주를 n등분하고 각 등분점에서 접선을 그었을 때, 원의 반지름이 충분히 작으면 이 n개의 접선은 하나의 다각형을 형성하지만, 반지름이 충분히 크면 각 접선은 만나지 않는다.

이러한 예를 더 늘어놓을 필요는 없다. 로바체프스키의 명제는 유클리드의 명제와 아무런 관련도 없지만, 그 못지않게 논리적으로 서로 연결되어 있는 것이다.

리만기하학

두께가 없는 사람들만 사는 세계를 상상하고, 이 '무한히 납작한' 동물들이 모두 같은 평면 내에 있으며 그 밖으로 나갈 수 없다고 가정하자. 또한 그 세계는 다른 세계들과 충분히 멀리 떨어져 있어 그 영향으로부터 벗어나 있다고 하자. 이러한 가설을 세울 때, 이 존재들에게 추론하는 능력을 부여하여 그들이 기하학을 창조할 수 있다고 믿어도 아무런 문제가 없을 것이다. 또한 그들은 틀림없이 이차원 공간만 파악할 수 있을 것이다.

하지만 이제 이 가상적 동물들이 두께가 없는 채로 평면도형이 아닌 구면도형의 형태를 띠고, 모두 동일한 구면 위에 존재하며, 그로부터 벗어날 수 없다고 가정하자. 그들은 어떤 기하학을 구축할까? 먼저 공간을 이차원으로만 파악할 것이 분명하다. 그들에게 직선 역할을 하는 것은 구면 위의 한 점에서 다른 점까지의 최단거리, 즉 큰 원의 호이고, 한마디로 그들의 기하학은 구면기하학일 것이다.

그들이 공간이라 하는 것은 이 구면으로, 그 밖으로 나갈 수 없고, 인식할 수 있는 모든 현상이 그 위에서 일어날 것이다. 구면 위에서는 멈추지 않고 계속 앞으로 나아갈 수 있기 때문에 그들의 공간은 **끝이 없**지만 유한할 것이다. 결코 끝을 찾을 수 없지만 한 바퀴를 도는 것은 가능하다.

리만기하학은 삼차원으로 확장된 구면기하학이다. 이를 구축하기 위해 이 독일의 수학자는 유클리드의 공준뿐만 아니라 "두 점을 지나는 직선은 하나밖에 없다"는 최초의 공리마저 바다로 던져 버려야 했다.

구면 위에서 주어진 두 점을 지나는 큰 원(조금 전 보았듯이 가상적 인간들에게 직선의 역할을 하는 것)은 **일반적으로** 하나밖에 없지만, 예외가 있다. 만일 주어진 두 점이 지름의 양 끝이라면, 그 두 점을 지나는 큰 원을 무한히 만들어 낼 수 있는 것이다.

마찬가지로 리만기하학(적어도 그 형식들 중 하나)에서도 두 점을 지나는 직선은 일반적으로 단 하나뿐이지만, 두 점을 지나는 직선이 무수한 예외적인 경우들이 있다.

리만기하학과 로바체프스키기하학 사이에는 일종의 대립이 존재한다.

예컨대 삼각형 내각의 합은,

유클리드기하학에서는 2직각과 같다.

로바체프스키기하학에서는 2직각보다 작다.

리만기하학에서는 2직각보다 크다.

주어진 한 점을 지나고 주어진 직선에 평행한 직선의 수는,

유클리드기하학에서는 1개다.

리만기하학에서는 0개다.

로바체프스키기하학에서는 무한히 많다.

리만공간은 앞서 기술한 의미에서 끝이 없기는 하지만 유한하다는

것을 덧붙이자.

곡률이 일정한 면

그렇지만 여전히 이의를 제기할 수 있다. 로바체프스키와 리만의 정리
에서는 어떠한 모순도 생기지 않지만, 이 두 기하학자가 자신의 가설에
서 아무리 많은 귀결을 이끌어 냈어도 그것들을 총망라하기 전에 멈춰
야 했다. 그 수가 무한하기 때문이다. 만일 그들이 연역을 더 멀리까지
밀고 나갔다면 결국 어떤 모순에 도달하지 않았을 것이라고 누가 말할
수 있을까?

리만기하학에서는 이차원에 한정되는 한 이러한 어려움이 존재하지
않는다. 앞서 보았듯이 이차원의 리만기하학은 사실 구면기하학과 다르
지 않은데, 구면기하학은 보통 기하학의 한 분과에 불과하기 때문에 모
든 논의의 바깥에 있는 것이다.

벨트라미는 이차원 로바체프스키기하학도 보통 기하학의 한 분과에
불과하다는 것을 보여 주면서 이에 관한 반론 역시 논박했다.

그 방식은 다음과 같다. 면 위에 임의의 도형이 있다고 생각하자. 면
에 붙어 있는, 잘 구부러지지만 늘어나지는 않는 캔버스에 도형이 그려
져 있고, 캔버스가 이동하여 변형되면 이 도형의 서로 다른 선들이 길이
는 그대로인 채 형태만 바뀔 수 있다고 상상하자. 일반적으로 잘 구부러
지지만 늘어나지는 않는 이러한 도형은 그 면을 벗어나지 않고서는 이
동할 수 없다. 하지만 이러한 운동이 가능한 어떤 특수한 면이 존재하는

데, 이것이 바로 곡률이 일정한 면이다.

만일 앞의 비유를 다시 이용하여 곡률이 일정한 면들 가운데 하나에 살고 있는 두께 없는 존재를 상상해 보면, 그들은 모든 선이 일정한 길이를 유지하는 도형의 운동이 가능하다고 여길 것이다. 반대로 곡률이 일정하지 않은 면 위에 살고 있는 두께 없는 동물에게 이러한 운동은 터무니없게 보일 것이다.

곡률이 일정한 면에는 두 종류가 있다.

어떤 것은 **곡률이 양**陽이고 구면에 붙도록 변형될 수 있다. 따라서 이러한 면의 기하학은 구면기하학으로 환원되는데, 이것이 리만기하학이다.

다른 것들은 **곡률이 음**陰이다. 벨트라미는 이러한 면의 기하학이 로바체프스키기하학과 다름없다는 것을 보여 주었다. 그리하여 이차원의 리만기하학과 로바체프스키기하학은 유클리드기하학과 연결되는 것이다.

비유클리드기하학의 해석

이처럼 이차원 기하학에 관한 한 반론은 자취를 감춘다.

벨트라미의 추론을 삼차원 기하학으로 확장하는 것은 쉽다. 사차원 공간을 거부하지 않는 지성에게는 이로부터 어떤 어려움도 보이지 않겠지만 그런 자는 많지 않다. 따라서 다른 방식으로 진행하는 것이 좋겠다.

어떤 평면을 생각하고 이를 기초평면이라 하자. 그리고 보통의 사전에서처럼 서로 다른 두 언어의 단어를 뜻이 같은 것끼리 대응되게 하는 방식으로, 일종의 사전을 만들어 2개의 세로 단에 표기된 두 계열의 용어가 각각 대응되도록 하자.

공간 ·········· 기초평면의 상위에 위치한 공간의 부분

평면 ·········· 기초평면을 수직으로 자르는 구면

직선 ·········· 기초평면을 수직으로 자르는 원

구 ············· 구

원 ············· 원

각 ············· 각

두 점 사이의 거리 ······ 두 점과 이 두 점을 지나고 기초평면을 수직으로 자르는 원과 기초평면과의 교점들이 이루는 비조화비의 로그

등등

독일어-프랑스어 사전을 이용하여 독일어 텍스트를 프랑스어로 번역하듯이, 이제 로바체프스키의 정리를 이 사전을 이용하여 번역해 보자. 이렇게 우리는 보통 기하학의 정리를 얻을 수 있다.

예컨대 로바체프스키의 정리 "삼각형의 내각의 합은 2직각보다 작다"는 다음과 같이 번역된다. "만일 삼각형의 각 변이 연장되었을 때 기초평면을 수직으로 자르는 원호로 이루어져 있다면, 이 삼각형의 내각의 합은 2직각보다 작을 것이다." 따라서 로바체프스키의 가설로부터 귀결을 아무리 멀리까지 진척시켜도 결코 모순에 이르지는 않을 것이다. 만일 로바체프스키의 두 정리가 모순된다면, 이 두 정리를 우리의 사전

을 이용하여 번역한 것 역시 모순될 것이다. 그러나 번역된 것은 보통 기하학의 정리이며, 보통 기하학이 모순에서 벗어나 있다는 것은 누구도 의심하지 않는다. 이러한 확신은 어디에서 오는 것이며, 과연 정당한 것일까? 이것은 다소 부연이 필요하므로 여기서 다룰 수 있는 문제가 아니다. 그러므로 앞서 제기한 이의는 모두 정리되었다.

뿐만 아니라 로바체프스키기하학은 구체적인 해석이 가능하기 때문에 무익한 논리 훈련에 그치지 않고 응용될 수 있다. 하지만 그 응용에 대해서도, 또 그것을 클라인과 내가 선형미분방정식의 적분에 이용한 것에 대해서도 여기서 언급할 여유는 없다.

게다가 이 해석은 유일한 것이 아니며, 앞서 기술한 것과 유사한 여러 가지 사전을 만들 수 있다. 단순한 '번역'에 의해 로바체프스키기하학의 정리가 보통 기하학의 정리로 변환될 수 있는 것이다.

암묵적 공리

교과서에 명백하게 기술되어 있는 공리들만 기하학의 유일한 기초일까? 그것들을 차례로 포기한 후에도 유클리드, 로바체프스키, 리만의 이론에 공통적인 몇몇 명제가 여전히 성립되므로 그렇지 않다고 확신할 수 있다. 이 명제들은 기하학자들이 따로 언명하지 않고 받아들이는 어떤 전제에 기초할 것이다. 이 전제를 고전적 증명으로부터 추출하려는 시도는 흥미롭다.

스튜어트 밀은 모든 정의는 공리를 포함한다고 주장했다. 정의한다는 것은 정의할 대상의 존재를 암묵적으로 긍정하는 것이기 때문이다. 하지만 이는 꽤나 지나친 말이다. 왜냐하면 수학에서는 정의할 대상의 존재 증명이 따르지 않는 정의가 좀처럼 주어지지 않지만, 이러한 증명이 되어 있지 않아도 일반적으로 독자가 쉽게 보완할 수 있기 때문이다. 다만 존재라는 말이 수학적 대상에 관한 경우와 물질적 대상의 문제일 경우, 서로 동일한 의미로 쓰이지 않는다는 것을 잊어서는 안 된다. 수학적 대상은 그 자체로, 혹은 이전에 받아들여진 명제들과의 사이에서 그 정의가 모순을 초래하지 않는 한 존재하는 것이다.

그러나 스튜어트 밀의 견해가 모든 정의에 적용되지 않는다고 해도 그중 어떤 것에 대해서는 여전히 정당하며, 때때로 평면이 다음과 같은 방식으로 정의되기도 한다.

평면이란, 어떤 면 위의 임의의 두 점을 잇는 직선이 모두 그 면 위에 존재하는 면을 말한다.

이 정의는 분명 새로운 공리를 숨기고 있다. 물론 이 정의를 바꿀 수 있고 그 편이 더 낫겠지만, 그때는 그 공리를 명백히 기술해야 한다.

다른 정의들 가운데서도 어떤 것들은 이 못지않게 중요한 성찰을 불러일으킬 수 있다.

예컨대 두 도형의 합동에 대한 정의가 그러하다. 두 도형이 서로 포개질 때 합동이라고 하는데, 서로 포개려면 두 도형 중 하나를 다른 것과 일치할 때까지 이동시켜야 한다. 그런데 어떻게 이동시켜야 할까? 이렇게 질문하면, 마치 변하지 않는 고체가 이동하듯 그 도형을 변형시키지 말고 옮겨야 한다는 답이 틀림없이 나오는데, 이는 분명 순환론일 것이다.

이 정의는 실제 아무것도 정의하지 않는다. 유체만 존재하는 세계에 살고 있는 자에게는 아무런 의미도 없기 때문이다. 이 정의가 우리에게 명백하게 보이는 것은 우리가 자연에 존재하는 고체의 속성에 익숙해져 있기 때문이다. 이 속성은 크기가 변하지 않는다는 이상적인 고체의 속성과 크게 다르지 않다.

하지만 이 정의가 아무리 불완전하다고 해도 하나의 공리는 포함하고 있다.

변형되지 않는 도형의 운동 가능성은 그 자체로 자명한 진리가 아니다. 즉, 적어도 유클리드의 공준과 같은 의미에서만 그러할 뿐, 선험적 종합판단이 문제가 되는 의미에서는 그렇지 않은 것이다.

게다가 기하학의 정의와 증명을 연구해 보면, 이 운동의 가능성뿐만 아니라 그 속성 가운데 어떤 것들까지도 증명하지 않은 채 인정할 수밖에 없다는 것을 알 수 있다.

이는 먼저 직선의 정의에서부터 나타난다. 결함이 있는 정의가 많이 제출되었지만, 참된 정의는 직선이 개입하는 모든 증명 안에 이미 암시되어 있다.

"변형되지 않는 도형의 운동에서, 이 도형에 속한 한 선 위의 모든 점은 움직이지 않는 채로 있고 이 선 밖에 놓인 모든 점이 움직이는 운동이 일어날 수 있는데, 이러한 선을 직선이라 한다." 이 서술에서 우리는 일부러 정의와 그것이 포함하는 공리를 서로 분리했다.

삼각형의 합동 조건들이나 한 점에서 한 직선 위로 수선을 그을 수 있는 가능성 등의 많은 증명은 하나의 도형을 공간 내에서 어떤 방식에 따라 옮길 수 있음을 인정하지 않을 수 없기 때문에, 서술이 생략된 명제를 가정하고 있는 것이다.

네 번째 기하학

이러한 암묵적 공리들 가운데 주의를 기울일 만한 것이 하나 있다. 그 공리를 포기해도 유클리드, 로바체프스키, 리만의 기하학처럼 일관된 네 번째 기하학을 구축할 수 있는 것이다.

점 A에서 직선 AB에 대한 수선을 항상 그을 수 있음을 증명하기 위해 원래는 고정된 직선 AB와 동일하지만 점 A의 주위를 돌 수 있는 직선 AC를 생각하고, AB의 연장선상에 놓일 때까지 점 A 주위를 돌게 하자.

이때 우리는 2개의 명제를 가정하고 있다. 첫째, 이런 회전이 가능하다는 것과 둘째, 두 직선이 서로의 연장선상에 놓일 때까지 계속될 수 있다는 것이다.

만일 첫 번째 점만 인정하고 두 번째 점을 거부한다면, 로바체프스키와 리만의 정리들보다 더 이상한 일련의 정리에 이르게 되지만, 모순이 없다는 것은 마찬가지다.

이 정리들 가운데 하나만 — 더 특이한 것도 있겠지만 — 인용하겠다. 실직선은 그 자신에 대해 수직일 수 있다.

리^{Lie}의 정리

고전적 증명에서 암묵적으로 도입되는 공리의 수가 필요 이상으로 많아서 이를 최소한으로 줄이려는 시도가 있었는데, 힐베르트^{David Hilbert}가 이 문제에 대한 결정적인 해답을 제시한 것 같다. 먼저 우리는 이러한 최소화가 가능한지, 필수적인 공리의 수와 생각해 낼 수 있는 기하학의 수가 무한한지를 물어야 한다.

리의 정리는 이 논의 전체에서 지배적이며, 다음과 같이 기술할 수 있다.

다음의 전제가 인정된다고 가정하자.

1. 공간은 n차원을 가진다.

2. 변형되지 않는 도형의 운동은 가능하다.

3. 공간에서 이 도형의 위치를 결정하는 데 p개의 조건이 필요하다.

이 전제들과 양립하는 기하학의 수는 한정되어 있다.

n이 주어졌을 때 p의 상한을 지정할 수 있다는 것까지 덧붙일 수 있다.

따라서 만일 운동 가능성이 인정된다면, 유한한 (게다가 상당히 제한된) 수의 삼차원 기하학만 고안될 수 있다.

리만기하학들

이 결과는 리만과 대립되는 것처럼 보이는데, 리만은 서로 다른 기하학들을 무한히 구축하고 있기 때문이다. 일반적으로 그의 이름이 붙여진 것은 이 가운데 특수한 경우에 불과하다.

그는 모든 것은 곡선의 길이가 정의되어 있는 방식에 달려 있다고 말한다. 그런데 이 길이를 정의하는 방식은 무한하고, 그 각각은 새로운 기하학의 출발점이 될 수 있다.

이는 완벽히 참이지만, 이 정의들 중 대부분은 리의 정리에서는 가능하다고 가정되어 있는, 변형되지 않는 도형의 운동과 양립할 수 없다. 이러한 리만기하학들은 여러 이유에서 흥미롭기는 하지만, 결국 순수하게 해석적일 뿐이고 유클리드기하학과 유사한 증명에는 적합하지 않다.

힐베르트기하학들

결국 베로네제Giuseppe Veronese와 힐베르트는 비아르키메데스기하학이라는 더욱 기이한 기하학을 새로이 생각해 냈다. 이는 모든 주어진 길이는 충분히 큰 정수가 곱해진다면 다른 주어진 어떤 길이 — 이것이 아무리 길지라도 — 보다도 길어진다는 아르키메데스의 공리를 거부함으로써 구축된 것이다. 비아르키메데스적 직선 위에는 보통 기하학의 점이 모두 존재하지만, 다른 무한한 점이 그것들 사이에 놓이게 되어 낡은 학파의 기하학자라면 서로 인접해 있다고 여겼을 두 선분 사이에 새로운 점을 무한히 끼워 넣을 수 있게 된다. 한마디로 비아르키메데스공간은 '수학적 양과 경험'에서의 표현을 빌리면 더 이상 이차 연속이 아니라 삼차 연속인 것이다.

공리의 본성에 관하여

대부분의 수학자는 로바체프스키기하학을 단순한 논리적 호기심의 대상으로만 여기지만, 그들 중에는 좀 더 나아간 이들도 있다. 수많은 기하학이 가능한데 우리의 기하학만 참이라고 확신할 수 있을까? 물론 경험을 통해 삼각형 내각의 합은 2직각의 크기와 같다는 것을 알 수 있다. 하지만 그것은 너무 작은 삼각형만 다루고 있기 때문이다. 로바체프스키에 따르면, 삼각형 내각의 합과 2직각의 차는 삼각형의 넓이에 비례한다. 더 큰 삼각형을 다루거나 더 정밀한 측정이 가능해지면 그 차이를 감각할 수 있게 될까? 그렇다면 유클리드기하학은 일시적인 기하학에 불과할 것이다.

이러한 견해를 논의하려면 먼저 기하학적 공리의 본성이 무엇인지를 물어야 한다.

이 공리들은 칸트가 말한 선험적 종합판단일까?

그렇다면 이것들은 그에 반하는 명제를 떠올리거나, 그 위에 이론적 체계를 구축하지 못하도록 강력한 힘으로 우리를 압박할 것이고, 비유클리드기하학은 존재하지 않을 것이다.

이를 납득하기 위해 진정한 선험적 종합판단, 예컨대 '수학적 추론의 본성에 관하여'에서 탁월한 역할을 과시했던 명제를 들어 보자.

만일 어떤 정리가 1에 대해 참이라면, 그리고 n에 대해 참일 때 $n+1$에 대해서도 참이라고 증명되었다면, 그 정리는 모든 양의 정수에 대해 참일 것이다.

다음에는 이로부터 벗어나 이 명제를 부정함으로써 비유클리드기하학과 유사한 거짓 산술을 세워 보자. — 불가능할 것이다. 처음부터 이 판단을 분석판단으로 여기고 싶어질 것이다.

또한 두께 없는 인간의 예를 다시 들어 보자. 만일 그들이 우리와 같은 지성을 갖고 있다면, 이 존재들이 자신의 모든 경험과 모순되는 유클리드기하학을 채택하리라고는 생각할 수 없다.

그렇다면 기하학의 공리는 경험적 진리라고 결론지어야 할까? 하지만 이상적인 직선이나 원에 관한 실험은 이루어지지 않으며, 오로지 물질적 대상에 관해서만 실험할 수 있을 뿐이다. 그럼 기하학의 기초로서 작용하는 경험은 무엇에 기반을 두는 것일까? 답은 쉽다.

앞서 우리는 기하학적 도형은 항상 고체처럼 움직이는 것으로 추론된다는 것을 살펴보았다. 따라서 기하학이 경험으로부터 빌려오는 것은 고체의 속성이다.

또한 빛의 속성과 직진성은 기하학 명제, 특히 사영기하학 명제의 일부를 이끌어 내는 계기가 되었다. 따라서 이러한 관점에서 계량기하학은 고체에 관한 연구이고 사영기하학은 빛에 관한 연구라고 하고 싶어질 것이다.

그러나 극복할 수 없는 난관이 하나 남아 있다. 만일 기하학이 실험 과학이라면, 정밀과학은 아니므로 끊임없이 수정될 것이다. 아니, 엄밀하게 변형되지 않는 고체는 존재하지 않는다는 것을 알고 있는 이상, 그날 이후로 기하학에는 오차가 있음이 입증될 것이다.

따라서 기하학의 공리는 선험적 종합판단도 실험적 사실도 아니다.

그것은 **규약**이다. 가능한 모든 규약 가운데 우리의 선택은 실험적 사실을 통해 **유도된다**. 하지만 선택은 여전히 **자유로우며**, 모든 모순을 피해야 할 때만 제한을 받는다. 그러므로 공준은 그 채택을 결정한 경험적 법칙이 근사적인 것에 지나지 않는다고 해도 계속해서 **엄밀히 참일 수** 있는 것이다.

다시 말해 **기하학적 공리는** (산술적 공리를 말하는 것이 아니다) **변장된 정의에 불과하다.**

그러면 유클리드기하학이 참이냐는 물음에 대해 어떻게 생각해야 할까?

이는 아무런 의미도 없다.

미터법이 참이고 오래된 계측법이 거짓인지, 데카르트좌표가 참이고 극좌표가 거짓인지를 묻는 것과 같은 것이기 때문이다. 하나의 기하학이 다른 기하학보다 더 참일 수는 없다. 단지 더 **편리할** 수 있을 뿐이다.

그런데 가장 편리한 것은 유클리드기하학이고, 앞으로도 그럴 것이다.

1. 가장 간단하기 때문이다. 이는 단지 지성의 습관에 의해서나 유클

리드공간에 대해 우리가 갖는 일종의 직접적 직관 때문에 간단하다는 것은 아니다. 마치 일차다항식이 이차다항식보다 간단한 것과 마찬가지로, 그 자체로 가장 간단한 것이다. 구면삼각법의 공식은 평면삼각법의 공식보다 복잡한데, 기하학적 의미를 알지 못하는 해석학자 역시 그렇게 생각한다는 의미에서 그러한 것이다.

　2. 자연에 존재하는 고체의 속성과 상당히 일치하기 때문이다. 고체는 우리의 팔다리와 눈으로 접근해 오고, 우리는 이를 이용하여 측정 도구를 만드는 것이다.

공간과 기하학

작은 패러독스에서부터 시작해 보자. 지
성이 우리와 비슷하게 형성되어 있고 우리와 같은 감각을 지녔지만 어
떤 예비교육도 받지 않은 존재들은 적당히 선택된 외부 세계로부터 인
상을 받아 유클리드기하학과는 다른 기하학을 구축하도록 이끌리고, 이
외부 세계의 현상들을 비유클리드공간, 심지어는 사차원 공간에 위치시
킬지도 모른다.

우리의 현실 세계가 만들어 낸 교육을 받는 우리가 만일 갑자기 이
새로운 세계에 놓인다고 해도 그 현상들을 유클리드공간으로 가져오는
데 어떠한 어려움도 없을 것이다. 역으로 이 존재들이 우리의 세계에 놓
인다면, 우리의 현상들을 비유클리드공간으로 가져오게 될 것이다.

아니, 우리도 조금 노력하면 그처럼 할 수 있을지도 모른다. 자신의

일생을 바칠 수만 있다면 누구든지 사차원을 표상할 수 있게 될 것이다.

기하학적 공간과 표상적 공간

외재적 대상의 이미지는 공간 내에 위치가 정해진다고, 이 조건에서만 형성될 수 있다고까지 이야기한다. 이처럼 우리의 감각과 표상을 위해 완벽히 준비된 **틀**의 역할을 하는 이 공간은 기하학자가 말하는 공간과 동일하며, 이 공간의 모든 속성을 갖는다고도 한다.

이와 같이 생각하는 명석한 모든 지성에게 그 앞의 문장은 틀림없이 이상하게 보일 것이다. 하지만 철저히 분석해 보면 이내 사라질 어떤 착각을 하고 있는 것은 아닌지 살펴보아야 한다.

먼저 본래 의미에서 공간의 속성이란 무엇인가? 내가 말하는 바는 기하학의 대상이 되는 공간이며, 이를 **기하학적 공간**이라 할 것이다. 가장 본질적인 속성들 가운데 일부를 나열하면 다음과 같다.

1. 연속이다.
2. 무한하다.
3. 삼차원을 가진다.
4. 동질적이다. 즉, 공간의 모든 점은 서로 동일하다.
5. 등방적等方的이다. 즉, 동일점을 지나는 모든 직선은 서로 동일하다.

이제 이것을 우리의 표상 및 감각의 틀과 비교해 보자. 이를 **표상적 공간**이라 할 수 있다.

시각공간

먼저 망막에 맺히는 상像에 의한 순수 시각적 인상을 고찰해 보자.

간략한 분석을 통해 이 상은 연속적이지만 오직 이차원을 가진다는 것을 알 수 있고, 이로써 이미 기하학적 공간과 순수 **시각공간**이라 할 만한 것이 구별된다.

게다가 이 상은 한정된 틀 안에 갇혀 있다.

그리고 이 못지않게 중요한 또 다른 차이가 있다. 바로 이 순수 시각공간은 **동질적이지 않다**는 것이다. 망막의 모든 점은 거기에 상이 맺힌다는 것을 제외하면 동일한 역할을 하지 않고, 황반은 어떠한 의미에서든 망막 가장자리의 점과 동일하다고 여겨질 수 없다. 실제로 동일한 대상이라도 황반에서 훨씬 생생한 인상을 만들어 낼 뿐만 아니라, 어떤 **한정된 틀** 안에서조차 틀의 중심을 점유하고 있는 점이 틀의 가장자리에 가까운 점과 동일하다고는 생각할 수 없을 것이다.

더 철저히 분석해 보면 분명 시각공간의 이러한 연속성과 이차원성도 착각에 지나지 않음을 알 수 있을 것이다. 따라서 시각공간은 기하학적 공간으로부터 더욱더 멀어지겠지만, 이에 관해서는 '수학적 양과 경험'에서 그 귀결을 충분히 검토하였으니 생략하기로 한다.

그렇지만 우리는 시각을 통해 거리를 측정할 수 있고, 따라서 삼차원을 지각할 수 있다. 그러나 누구나 알고 있듯이 이러한 삼차원의 지각은 그때 이루어지는 조절력의 감각과, 대상을 명확히 지각하기 위해 두 눈에 주어져야 할 수렴의 감각으로 환원된다.

이것들은 우리에게 처음 두 차원의 개념을 부여한 시각과는 완전히 다른 근육감각인 것이다. 따라서 세 번째 차원은 다른 두 차원과 동일한 역할을 하리라고 생각되지는 않을 것이다. 그러므로 완전한 시각공간이라 할 수 있는 것은 등방적 공간이 아니다.

이는 명확히 삼차원적이므로 시각의 요소들(적어도 외연의 개념을 형성하는 데 기여하는 요소들)은 그중 세 가지만 알면 완전히 결정될 것이다. 수학 용어를 쓴다면 독립변수가 3개인 함수가 된다.

이에 관해 조금 더 상세히 검토해 보자. 세 번째 차원은 우리에게 서로 다른 두 가지 방식으로 드러나는데, 바로 조절력에 의한 것과 두 눈의 수렴에 의한 것이다.

이 두 표시는 틀림없이 항상 부합하며 그 사이에는 일정한 관계가 있다. 수학적으로 말하면 이 두 근육감각을 측정하는 두 변수는 서로 독립적으로 나타나지 않는다. 아니면 이미 충분히 정제된 수학적 개념에 대한 호소를 피하기 위해 '수학적 양과 경험'에서의 표현으로 되돌아가 동일한 사실을 다음과 같이 말할 수 있다. 만일 수렴의 두 감각 A, B가 식별 불가능하다면, 이들에 각각 동반되는 조절력의 두 감각 A′, B′ 역시 식별 불가능할 것이다.

하지만 이는 실험적 사실이며, 선험적으로 그 반대를 가정해도 아무런 문제가 없다. 만일 반대로 두 근육감각이 서로 독립적으로 변동한다면, 우리는 독립변수를 하나 더 고려해야 하고, '완전한 시각공간'은 우리에게 사차원의 물리적 연속으로 나타날 것이다.

이는 외적인 경험적 사실이라고까지 덧붙일 수 있다. 우리와 비슷한 지성, 우리와 동일한 감각기관을 가진 존재가 있다고 하자. 그가 사는 세계에서는 빛이 도달하려면 복잡한 형태의 굴절 매질을 통과해야 한다고 가정해도 아무 문제가 없는 것이다. 이때 우리에게 거리를 어림잡아 측정하게 해 주는 두 표시는 일정한 관계로 묶여 있지 않고, 이와 같은 세계에서 자신의 감각을 훈련하는 존재는 분명 완전한 시각공간에 사차원을 부여할 것이다.

촉각공간과 운동공간

'촉각공간'은 시각공간보다 더 복잡하고 기하학적 공간으로부터 더 멀리 떨어져 있다. 시각에 대해 했던 논의를 촉각에 대해 반복하는 것은 무의미하다.

그러나 공간 개념의 발생에는 시각적 · 촉각적 소여 외에 이들과 같거나 더 많이 기여하는 다른 감각들이 존재한다. 이는 누구나 알고 있듯이 우리의 모든 운동에 동반하며 보통 근육감각이라 한다.

이에 대응하는 틀은 **운동공간**이라 할 수 있는 것을 구성한다. 각각의 근육은 증가하거나 감소할 수 있는 특수한 감각을 만들어 내는데, 그로 인해 우리의 근육감각 전체는 우리가 가지고 있는 근육과 동일한 수의 변수에 의존할 것이다. 이런 관점에서 **운동공간은 우리의 근육과 동일한 수의 차원을 갖게 될 것이다.**

근육감각이 공간의 개념을 형성하는 데 기여해도 이는 우리가 각각의 운동에 대해 갖고 있는 **방향**감각이 근육감각의 중요한 부분을 이루고 있기 때문이라고 말하려는 이도 있을 것이다. 만일 근육감각이 방향의 기하학적 감각을 동반해야만 생길 수 있다면, 기하학적 공간은 우리의 감성에 강요하는 형태가 될 것이다.

그러나 이는 자신의 감각을 분석할 때 전혀 알아채지 못하는 것이다.

내가 보는 바로는, 같은 방향의 운동에 대응하는 감각은 단순한 **관념의 연합**에 의해 머릿속에 연결되어 있다. 우리가 '방향감각'이라 부르는 것은 바로 이 연합으로 환원되는 것이다. 따라서 단일 감각 내에서는 방향감각을 발견할 수 없을 것이다.

동일한 근육의 수축이라도 팔다리의 위치에 따라 전혀 다른 방향의 운동에 대응할 수 있기 때문에 이 연합은 극히 복잡하다.

게다가 그것은 확실히 획득되는 것이다. 이는 모든 관념의 연합처럼 **습관**의 결과이며, 이 습관은 그 자체로 수많은 **경험**의 결과이다. 만일 감각 훈련이 다른 환경에서 이루어져 다른 인상을 받았다면, 분명 반대 습관이 생겨나고, 근육감각은 다른 법칙에 따라 연합되었을 것이다.

표상적 공간의 특징

이런 의미에서 시각, 촉각, 운동의 세 가지 형태를 띠는 표상적 공간은 기하학적 공간과 본질적으로 다르다.

표상적 공간은 동질적이지도 등방적이지도 않으며, 심지어 삼차원이라고 할 수도 없다.

종종 우리는 기하학적 공간으로 외적 지각의 대상을 '사영한다'고, 그것을 '국재화한다'고 말한다.

이는 의미가 있을까? 그렇다면 어떤 의미일까?

이는 외재적인 대상을 기하학적 공간으로 **표상한다**는 의미일까?

표상은 감각을 복제한 것에 불과하기 때문에 동일한 틀, 즉 표상적 공간 내에만 놓일 수 있다.

우리가 외재적인 물체를 기하학적 공간 내로 표상할 수 없는 것은 화가들이 평평한 판에 삼차원의 대상을 그대로 그릴 수 없는 것과 마찬가지다.

표상적 공간은 기하학적 공간의 상像, 일종의 투시화법을 통해 변형된 상에 불과하며, 이러한 투시화법의 법칙에 적용해야만 대상을 표상할 수 있다.

그래서 우리는 외재적 물체를 기하학적 공간 내에 **표상**하지는 않지만, 그 물체가 마치 기하학적 공간에 있는 것처럼 **추론**하는 것이다.

그런데 이러한 대상을 공간의 저러한 점에 '국재화한다'고 할 때, 이는 어떤 의미일까?

이는 단지 우리가 이 대상에 도달하기 위해 해야 하는 **운동을 표상한다**는 것을 의미한다. 하지만 이러한 운동을 표상하기 위해서는 운동 자체를 공간에 사영해야 한다는 것, 따라서 공간의 개념은 이에 선재해야 한다는 것을 의미하지는 않는다.

이러한 운동을 표상한다는 것은, 단지 이 운동에 동반하고 어떤 기하학적 성격도 갖지 않으며, 따라서 공간 개념의 선재성을 조금도 포함하지 않는 근육감각을 표상할 뿐이라는 의미다.

상태변화와 위치변화

만일 우리의 지성이 기하학적 공간의 관념을 따르도록 강요받지 않는다면, 더구나 우리의 어떤 감각도 이 관념을 우리에게 제공할 수 없다면 어떻게 그 관념이 생겨날 수 있었을까?

바로 이것이 검토해야 할 부분인데, 다소 시간이 걸릴 것이다. 하지만 이제부터 전개하려는 설명을 몇 마디로 요약할 수 있다.

우리의 어떤 감각도 따로 떨어져 있었다면 우리를 공간의 관념에 이르게 하지 못했을 것이다. 우리는 오로지 그 감각들이 차례로 발생하는 데 적용되는 법칙을 연구해야만 공간의 관념에 이르게 된다.

먼저 우리의 인상이 변한다는 점을 살펴보자. 하지만 우리가 확인하는 변화들 사이를 구별해야 한다.

우리는 이 인상의 원인이 되는 대상들이 때로는 상태나 위치를 변화시켰다고, 즉 이동했을 뿐이라고 말한다.

어떤 대상이 상태를 바꾸든 위치만 바꾸든, 이는 항상 우리에게 같은 방식으로, 즉 인상 전체 내에서의 변경에 따라 나타나는 것이다.

그런데 우리는 어떻게 그것들을 구별할 수 있게 되었을까? 이는 쉽게 이해할 수 있다. 만일 위치변화만 있었다면, 처음과 동일한 상대적 상황에서 움직이는 대상과 직면하도록 하는 운동을 함으로써 본래의 인상 전체를 복원할 수 있을 것이다. 이처럼 우리는 이루어진 변경을 **수정하**고 반대의 변경을 통해 초기상태를 회복한다.

예컨대 시각의 문제라면, 어떤 대상이 우리의 눈앞에서 움직일 때 우리는 그것을 '눈으로 좇아', 즉 안구를 적절히 움직여 망막의 동일한 점에 그 상을 유지할 수 있다.

이러한 운동은 자발적이고 근육감각을 동반하기 때문에 우리가 의식하는 것이지만, 이 운동을 기하학적 공간 내에 표상한다는 의미는 아니다.

위치변화를 특징짓는 것, 즉 그것이 상태변화와 구별되는 것은 바로 이러한 방식으로 **수정**할 수 있다는 것이다.

따라서 우리는 서로 다른 두 가지 방식으로 인상의 집합 A에서 집합 B로 이동할 수 있게 된다. 즉, 1. 비자발적이고 근육감각을 통하지 않는 방식으로 대상이 움직이는 것일 때 일어난다. 2. 자발적이고 근육감각을 동반하는 방식으로 대상은 움직이지 않지만 우리가 움직여서 결과적으로 그 대상이 우리에 대해 상대적으로 움직이게 될 때 일어난다.

이런 상황이라면 집합 A에서 집합 B로의 이동은 위치변화에 불과한 것이다.

이로부터 시각과 촉각도 '근육감각'의 도움 없이는 우리에게 공간의 개념을 부여하지 못했을 것이라는 결과가 나온다.

이 개념은 단일 감각이나 **일련의 감각**으로부터 유도될 수 없을 뿐만 아니라, **움직이지 않는** 존재 또한 이를 결코 획득하지 못했을 것이다. 외재적 대상의 위치변화의 효과를 자신의 운동을 통해 **수정하지 못하여** 위치변화와 상태변화를 구별할 수 없었을 것이기 때문이다. 또한 그 존재의 운동이 가능하다고 해도 자발적이지 않거나 어떠한 감각도 동반하지 않았다면 공간의 개념을 획득하지 못했을 것이다.

보상補償의 조건

서로에 대해 독립적인 두 변화가 서로 수정되는 이러한 보상은 어떻게 가능할까?

이미 기하학을 알고 있는 지성이라면 다음과 같이 추론할 것이다.

보상이 일어나려면 한편으로는 외재적 대상의 서로 다른 부분들이, 다른 한편으로는 우리의 서로 다른 감각기관들이 이중으로 변한 후에 동일한 **상대적 위치**에 다시 놓여야 한다. 그리고 이를 위해서는 외재적 대상의 여러 부분이 서로에 대해 동일한 상대적 위치를 보존해야 하며, 신체의 부분들 또한 서로에 대해 이와 마찬가지여야 한다.

바꿔 말하면, 첫 번째 변화에서는 외재적 대상이 마치 변형되지 않는 고체처럼 이동해야 하고, 첫 번째 변화를 수정하는 두 번째 변화에서는 우리의 신체 전체가 그와 마찬가지로 이동해야 한다.

이러한 조건에서 보상이 일어날 수 있는 것이다.

그러나 아직 기하학을 알지 못하는 우리에게는 미처 공간 개념이 형성되어 있지 않기 때문에 그렇게 추론할 수 없고, 그 보상이 가능할지 선험적으로 예견할 수도 없다. 하지만 경험은 그 보상이 때때로 이루어진다는 것을 알려 주며, 우리는 상태변화와 위치변화를 구별하기 위해 바로 이러한 경험적 사실에서 출발하는 것이다.

고체와 기하학

우리를 둘러싼 대상들 가운데, 우리의 고유한 신체에는 **상관적인 운동**으로 수정될 수 있는 이동을 빈번히 겪는 것이 존재하는데, 바로 **고체**가 그렇다.

형태가 변하는 다른 대상들은 예외적으로만 이와 유사한 이동(형태를 바꾸지 않는 위치변화)을 한다. 어떤 물체가 **변형되면서** 이동될 때, 적당한 운동을 통해 우리의 감각기관을 이 물체에 대해 동일한 **상대적** 상황에 둘 수 없으므로 더 이상 인상의 본래적 전체를 재구축할 수 없는 것이다.

더 나중에 새로운 경험들을 얻고 나서야 비로소 우리는 변형되는 물체도 더 작은 요소로 분해하면 그 각 요소가 거의 고체와 동일한 법칙에 따라 이동한다는 것을 알게 된다. 이처럼 우리는 '변형'을 다른 상태변화와 구별하는데, 이러한 변형에서 각 요소는 수정될 수 있는 단순한 위치변화를 겪지만, 전체적으로는 더 많이 변경되고, 이 변경은 더 이상 상관적인 운동을 통해 수정될 수 없다.

이러한 개념은 이미 매우 복잡하여 비교적 느리게 드러날 수밖에 없었다. 게다가 고체 관찰을 통해 위치변화의 구별법을 알지 못했다면 이 개념은 생겨나지 않았을 것이다.

따라서 만일 자연계에 고체가 없었다면 기하학도 존재하지 않았을 것이다.

잠시 주목할 만한 또 다른 사항이 있다. 위치 α를 점하고 있던 어떤 고체가 위치 β로 이동했다고 가정하고, 첫 번째 위치에서는 우리에게 인상의 집합 A의 원인이, 두 번째 위치에서는 인상의 집합 B의 원인이 된다고 하자. 이제 첫 번째 고체와 성질이 전혀 다른, 예컨대 색이 다른 두 번째 고체가 있다고 가정하고, 이 또한 위치 α에서는 우리에게 인상의 집합 A′의 원인이, 위치 β로 이동해서는 인상의 집합 B′의 원인이 된다고 가정하자.

일반적으로 집합 A와 집합 A′ 사이, 집합 B와 집합 B′ 사이에는 아무런 공통점도 없을 것이다. 따라서 집합 A에서 집합 B로의 이동과 집합 A′에서 집합 B′으로의 이동은 그 자체로서 일반적으로 공통점을 갖지 않는 변화이다.

그렇지만 이 두 가지 변화 모두를 우리는 이동이라 여기고, 더 나아가 동일한 이동이라 간주한다. 왜 그럴까?

그 변화들은 모두 우리의 신체에 상관적인 동일한 운동에 의해 수정될 수 있기 때문이다.

따라서 '상관적 운동'이야말로 두 현상 사이의 유일한 관계를 구성하는 것이며, 이것이 아니었다면 연결할 생각조차 하지 못했을 것이다.

다른 한편 우리의 신체는 다수의 관절과 근육 덕분에 수많은 운동을 할 수 있지만, 모든 운동이 외재적 대상의 변경을 '수정'할 수 있는 것은 아니다. 우리의 전신 혹은 적어도 감각기관이 작용하는 모든 부분이 한꺼번에, 즉 마치 고체처럼 상대적 위치의 변화 없이 이동하는 운동에서만 가능한 것이다.

요약하면 다음과 같다.

1. 먼저 우리는 현상의 두 범주를 구별한다.

첫째, 비자발적이고 근육감각을 동반하지 않으며 외재적 대상에 기인하는 것, 즉 외적 변화를 말한다.

둘째, 이와 상반되는 특징을 가지며 우리의 고유한 신체 운동에 기인하는 것, 즉 내적 변화를 말한다.

2. 이 각 범주의 어떤 변화들은 다른 범주의 상관적 변화에 의해 수정될 수 있다는 데 주의한다.

3. 외적 변화들 가운데 두 번째 범주에 상관적인 것들을 구별하여 이동이라 한다. 그리고 이와 마찬가지로 내적 변화들 가운데서도 첫 번째 범주에 상관적인 것들을 구별한다.

이러한 상호성 덕분에 이동이라 불리는 특별한 부류의 현상이 정의된다. 바로 이 현상의 법칙이 기하학의 대상을 이루는 것이다.

동질성의 법칙

이러한 법칙들 중 첫 번째는 동질성의 법칙이다.

외적 변화 α에 의해 인상의 집합 A에서 집합 B로 이동하고, 다음으로 이 변화 α가 상관적인 자발적 운동 β에 의해 수정된 결과 다시 집합 A로 돌아오게 된다고 가정하자.

이제 또 다른 외적 변화 α'에 의해 다시 집합 A에서 집합 B로 이동했다고 가정하자.

이 변화 α'은 α와 마찬가지로 상관적인 자발적 운동 β'에 의해 수정될 수 있고, 이 운동 β'은 α를 수정한 운동 β와 동일한 근육감각에 대응한다는 것을 우리는 경험을 통해 알 수 있다.

바로 이러한 사실이 보통 공간은 **동질적**이고 **등방적**이라고 표현되는 것이다.

또한 한번 발생한 운동은 그 속성의 변화 없이 두 번, 세 번, 혹은 그 이상으로 반복될 수 있다고도 할 수 있다.

수학적 추론의 본성을 다룬 '수학적 추론의 본성에 관하여'에서 우리는 동일한 연산을 무한히 반복할 수 있는 가능성이 얼마나 중요한지 살펴보았다.

이 반복이야말로 수학적 추론이 그 위력을 발휘하는 원천이며, 따라서 수학적 추론이 기하학적 사실에 대해 영향력을 가지는 것은 바로 동질성의 법칙 때문이다.

완벽을 기하기 위해서는 동질성의 법칙에 이와 유사한 다른 법칙들을 다수 덧붙여야 하는데, 상세히 들어갈 필요는 없지만 이동은 '하나의 군'을 형성한다는 수학자들의 요약을 참고하자.

비유클리드적 세계

만일 기하학적 공간이 개별적으로 여겨지는 우리의 표상 각각을 강요하는 틀이라면, 이 틀에서 벗어난 상을 표상하는 것은 불가능하고 우리의 기하학을 조금도 변화시킬 수 없을 것이다.

하지만 그렇지 않다. 기하학은 이러한 상들이 **계기繼起**할 때 따르는 법칙들의 요약에 지나지 않기 때문이다. 우리의 통상적인 표상과 모든 점에서 비슷하지만, 우리가 잘 알고 있는 법칙과는 다른 법칙에 따라 계기하는 일련의 표상을 생각해 내는 데는 어떠한 제약도 없는 것이다.

그렇다면 이처럼 다른 법칙이 적용되는 환경에서 교육을 받은 존재는 우리의 기하학과는 매우 다른 기하학을 가질 수 있었을 것이라고 생각할 수 있다.

예컨대 커다란 구에 에워싸여 있고 다음의 법칙을 따르는 세계를 가정해 보자.

온도가 일정하지 않다. 중심에서 가장 높고 그로부터 멀어짐에 따라 낮아지며, 그 세계를 둘러싼 구의 경계에 이르면 절대 0도가 된다.

온도의 변화가 따르는 법칙을 더 명확히 하자. 구 경계의 반지름을 R, 이 구의 중심으로부터 어떤 점까지의 거리를 r이라 하면, 절대온도는 $R^2 - r^2$에 비례할 것이다.

또한 그 세계에서는 모든 물체가 동일한 팽창계수를 갖기 때문에 어떠한 척도의 길이도 절대온도에 비례한다고 가정하자.

마지막으로, 한 점에서 온도가 상이한 다른 점으로 옮겨진 대상은 새로운 환경과 즉시 열평형을 이룬다고 가정하자.

이 가설에 모순되거나 상상할 수 없는 부분은 조금도 없다.

그러면 움직이는 대상은 구의 경계에 다가갈수록 점점 작아질 것이다.

먼저 그 세계는 우리에게 익숙한 보통 기하학의 관점에서 보면 유한하지만, 그 세계의 거주자에게는 무한하게 보일 것이라는 점에 유의하자.

이들이 구의 경계에 다가갈수록 점점 차가워지고 작아지며, 따라서 그들의 발걸음 또한 점점 작아지기 때문에 결코 구의 경계에 다다르지 못한다.

만일 우리에게 기하학이 변형되지 않는 고체가 운동할 때 따르는 법칙의 연구에 불과하다면, 이 상상 속 존재들에게 기하학은 방금 이야기했듯이 온도의 차이에 따라 변형되는 고체가 운동할 때 따르는 법칙의 연구일 것이다.

물론 우리의 세계에서 자연계에 존재하는 고체도 가열과 냉각으로 형태와 부피가 변하지만 우리는 기하학의 기초를 놓을 때 이러한 변화를 무시하는데, 그 변화가 미미하기도 하지만 불규칙적이어서 우연한 것으로 생각하기 때문이다.

가설적 세계에서는 이와 같지 않고, 변화는 매우 단순하고 규칙적인 법칙에 따른다.

다른 한편 그 거주자들의 신체를 구성하는 고체의 서로 다른 부분들 역시 형태와 부피가 동일하게 변할 것이다.

다시 또 다른 가설을 세우자. 빛이 굴절률이 서로 다른 매질을 통과하고, 굴절률은 $R^2 - r^2$에 반비례한다고 가정하자. 이 조건 아래서 광선은 직선이 아닌 원호라는 것을 쉽게 알 수 있다.

방금 말한 것을 입증하려면, 외재적 대상의 위치에서 일어나는 어떤 변화가 이 상상적 세계에 살고 있는 감각을 갖춘 존재들의 상관적인 운동에 의해 **수정**되어, 이 감각을 갖춘 존재들이 받은 인상의 본래적 집합을 복원할 수 있음을 보여 주어야 한다.

어떤 대상이 변형되지 않는 고체가 아니라 앞서 가정한 온도의 법칙에 엄밀히 부합하며 불균등한 팽창을 겪는 고체처럼 변형되면서 이동한다고 가정하고, 축약하여 그런 운동을 **비유클리드적 이동**이라 하자.

만일 감각을 갖춘 존재가 이 근방에 있다면 그의 인상은 대상의 이동에 의해 변경되겠지만, 스스로 적절하게 이동해서 처음의 인상을 복구할 수 있을 것이다. 결국 그 대상과 존재가 단일체를 형성한다고 생각하여 비유클리드적이라는 특별한 이동을 했다고 하면 충분하다. 이 존재들의 팔다리가 그들이 사는 세계의 다른 물체들과 동일한 법칙에 따라 팽창된다고 가정하면 이는 가능한 것이다.

우리에게 익숙한 기하학의 관점에서 보면 물체는 이동하는 가운데 변형되고 그 물체의 서로 다른 부분들은 더 이상 동일한 상대적 상황에 다시 놓이지 않아도 그 감각을 갖춘 존재의 인상은 원래대로 돌아간다는 것을 우리는 보게 될 것이다.

실제로 서로 다른 부분들 간의 거리는 변할 수 있어도 처음에 접촉하고 있던 부분들은 여전히 접촉해 있기 때문에 촉각적 인상은 변하지 않는 것이다.

게다가 광선의 굴절과 만곡에 관해 앞서 언급한 가설을 고려해 볼 때, 시각적 인상 또한 그대로일 것이다.

그러므로 이 상상 속 존재들은 우리가 그러하듯 그들이 목격한 현상들을 분류하고, 그것들 가운데 상관적인 자발적 운동에 의해 수정될 수 있는 '위치변화'를 구별하게 된다.

만일 그들이 기하학을 구축한다면, 그것은 변형되지 않는 고체의 운동을 연구하는 우리의 기하학과는 달리, 그들이 구별하게 된 위치변화, 바로 '비유클리드적 이동'을 연구하는 비유클리드기하학일 것이다.

이처럼 우리와 같은 존재가 그런 세계에서 교육을 받는다면 우리와는 다른 기하학을 갖게 될 것이다.

사차원 세계

비유클리드적 세계와 마찬가지로 우리는 사차원 세계를 표상할 수 있다.

시각은 단 하나의 눈으로도 안구 운동에 관련된 근육감각과 함께 우리에게 삼차원 공간을 인식하도록 하는 데 충분하다.

외재적 대상의 상은 이차원적 판인 망막 위에 맺힌다. 즉, 이는 **투시도**다.

하지만 이 대상이 움직일 수 있고 우리의 눈 또한 마찬가지기 때문에, 우리는 서로 다른 여러 관측점에서 포착한 동일한 물체의 서로 다른 투시도를 연달아 보게 된다.

이와 동시에 우리는 어떤 투시도에서 다른 투시도로의 이동은 흔히 근육감각을 동반한다는 것을 확인한다.

만일 투시도 A에서 B로의 이동과 투시도 A′에서 B′으로의 이동이 동일한 근육감각을 동반한다면, 우리는 그것을 동일한 성질의 조작으로서 서로 결부시킨다.

다음으로 이 조작들이 조합될 때 따르는 법칙을 연구함으로써 이 조작들도 변형되지 않는 고체의 운동군과 동일한 구조군을 형성한다는 것을 알게 된다.

그런데 우리는 바로 이러한 군의 속성으로부터 기하학적 공간과 삼차원의 개념이 도출되었다는 것을 위에서 살펴보았다.

따라서 우리는 어떻게 삼차원 공간의 관념이 각각 이차원에 불과한 이러한 투시도들의 광경으로부터 이끌어질 수 있었는지를 이해할 수 있다. 바로 그것들은 어떤 법칙에 따라 계기하기 때문이다.

이제 우리가 평면 위에 삼차원 도형의 투시도를 그릴 수 있는 것과 마찬가지로 사차원 도형의 투시도를 삼차원(혹은 이차원) 캔버스에 그릴 수 있다. 기하학자에게 이는 어린애 장난에 불과하다.

심지어 서로 다른 여러 관측점으로부터 동일한 도형의 여러 투시도를 그릴 수도 있다.

이 투시도들은 삼차원에 불과하므로 쉽게 표상할 수 있는 것이다.

동일한 대상의 서로 다른 투시도들이 계기하고, 어떤 투시도에서 다른 투시도로 이동하는 데 근육감각이 동반된다고 가정하자.

이 이동 가운데 두 가지가 동일한 근육감각에 연합되어 있을 때는 물론 동일한 성질을 지닌 2개의 조작이라 간주될 것이다.

그러면 이 조작들은 우리가 선택하는 법칙에 따라, 예컨대 변형되지 않는 사차원적 고체의 운동과 동일한 구조를 가진 군을 형성하도록 조합된다고 상상하는 데 방해될 것은 아무것도 없다.

그러한 점에서 표상하지 못할 것은 아무것도 없으며, 또한 이 감각은 바로 이차원적 망막을 갖춘 존재가 사차원 공간으로 이동하면서 겪게 될 감각인 것이다.

바로 이러한 의미에서 사차원의 표상이 가능하다고 할 수 있다.

앞 장에서 다룬 힐베르트의 공간은 이차 연속이 아니므로 이런 방식으로 표상하는 것은 불가능하다. 그래서 우리의 통상적인 공간과는 너무나 다르다는 것이다.

결론

보다시피 경험은 기하학의 탄생에 불가결한 역할을 하고 있지만, 이로부터 기하학을 그 일부에 국한한다 해도 경험과학이라고 결론짓는 것은 잘못이다.

만일 경험적이었다면 근사적이고 일시적인 것에 불과했을 것이다. 얼마나 조잡한 근삿값이었겠는가!

기하학은 고체 운동의 연구와 다름없지만, 실제 자연에 존재하는 고체에 몰두하는 것이 아니라, 이로부터 단순화되고 동떨어진 상에 불과한, 절대로 변형되지 않는 어떤 이상적인 고체를 대상으로 하는 것이다.

이러한 이상적 물체의 개념은 완전히 우리의 지성으로부터 이끌어진 것이며, 경험은 우리를 이 개념에 이르게 하는 기회에 지나지 않는다.

기하학의 대상은 어떤 특수한 '군'의 연구인데, 군의 일반적인 개념은 우리의 지성 내에 적어도 잠재적으로는 선재한다. 이는 감성의 형태가 아니라 오성의 형태로서 우리에게 복종을 강요하는 것이다.

단지 우리는 가능한 모든 군 가운데 자연현상을 수치화할 **척도**로 쓰일 것을 선택해야 할 뿐이다.

경험은 선택을 강요하지 않고 안내한다. 경험을 통해서 어떤 기하학이 가장 참인지는 알 수 없지만, 가장 **편리한** 것이 무엇인지는 알 수 있다.

앞서 상상했던 공상적 세계를 **통상적인 기하학의 언어만 사용하여** 묘사할 수 있었던 것에 주의하자.

실제 우리가 그러한 세계로 옮겨질지라도 그 언어를 바꿀 필요는 없다.

거기서 교육을 받은 존재들은 우리의 기하학과는 다른, 그들의 인상에 더 잘 들어맞는 기하학을 창조하는 편이 더욱 편리하다고 생각할 것이다. 하지만 우리는 **동일한** 인상에 직면해도 우리의 습관을 바꾸지 않는 편이 더 편리하다고 느낄 것이 분명하다.

경험과 기하학

I.

지금까지 나는 여러 번 반복하여 기하학의 원리는 경험적 사실이 아니며, 특히 유클리드의 공준은 실험에 의해 증명될 수 없다는 것을 보여주려고 했다.

이미 제시된 근거들이 내게는 아무리 확실해 보여도 많은 지성에게 깊이 뿌리내린 잘못된 관념이 존재하기 때문에 계속 강조해야 한다고 믿는다.

II.

누군가 물질로 이루어진 원을 구현하고 반지름과 원주를 측정하여 그 두 길이의 비가 2π가 되는지 알아보았다면, 그는 무엇을 한 것일까? 공간의 속성에 관해서가 아니라, 원의 **둥긂**을 구현하는 물질과 측정에 쓰인 자를 구성하는 물질의 속성에 관하여 하나의 실험을 행한 것이다.

III. 기하학과 천문학

질문은 다른 방식으로도 던져졌다. 만일 로바체프스키기하학이 참이라면 매우 멀리 떨어져 있는 별의 시차는 유한해지고, 리만기하학이 참이라면 음수가 된다. 이는 경험을 통해 접근할 수 있을 것 같은 결과이며, 사람들은 천문학적 관측을 통해 세 가지 기하학 중 어떤 것을 채용할지 결정할 수 있을 것이라 기대했다.

그러나 천문학에서 직선이라는 것은 단지 광선의 경로일 뿐이다. 따라서 만일 음의 시차라도 발견한다면, 혹은 모든 시차는 어느 일정한 한 계치보다 크다는 것을 증명이라도 한다면, 다음 두 가지 결론 가운데 하나를 선택해야 한다. 유클리드기하학을 포기하거나 광학의 법칙을 변경하여 빛이 정확히 직선으로 전달되지 않는다는 것을 인정해야 한다.

말할 필요도 없이 누구나 후자의 해결책이 더 유리하다고 여길 것이다.

따라서 유클리드기하학은 새로운 경험을 겁낼 이유가 전혀 없다.

IV.

유클리드공간에서 가능한 어떤 현상은 비유클리드공간에서는 불가능하므로 경험을 통해 이러한 현상을 확인함으로써 비유클리드 가설이 직접 반박될 것이라고 주장할 수 있을까? 내게 이러한 물음은 논의의 대상이 아니다. 내 생각에 이것은 누구라도 분명 터무니없다고 여길 다음의 사항과 똑같은 것이다. 미터와 센티미터로는 나타낼 수 있지만 트와즈^{toise}, 피에^{pied}, 푸스^{pouce}로는 측정할 수 없는 길이가 존재하여, 실험을 통해 이러한 길이의 존재를 확인함으로써 1트와즈는 6피에로 분할된다는 가설을 직접 반박할 수 있을까?

이 논의에 대해 더 자세히 살펴보자. 나는 직선이 유클리드공간에서 어떤 두 가지 속성을 가진다고 가정하고 이를 A와 B라 부르겠다. 비유클리드공간에서 이 직선은 아직 속성 A를 갖고 있지만, 더 이상 속성 B는 갖지 않는다고 하고, 끝으로 유클리드공간에서든 비유클리드공간에서든 직선만 유일하게 속성 A를 가진다고 하자.

이런 사정이라면, 경험은 유클리드의 가설과 로바체프스키의 가설 중 어떤 것이 참인지 결정하는 데 알맞다. 실험을 통해 접근할 수 있는 어느 구체적인 대상, 예컨대 광선속光線束이 속성 A를 갖는지 확인될 것이고, 이로부터 그것이 직선이라는 결론이 도출되면 속성 B를 갖는지 여부를 확인하려고 할 것이다.

하지만 이런 일은 없다. 속성 A처럼 직선을 인지하고 다른 모든 선과 구별하게 해 주는 절대적 기준이 될 수 있는 속성은 존재하지 않기 때문이다.

예를 들면 이렇게 말해야 할까? "이러한 속성은 다음과 같을 것이다. 직선이란, 어떤 선이 부분으로 있는 도형이 점들 간의 거리를 변화시키지 않고 선 위의 모든 점이 고정된 채 움직일 수 있을 때, 그 선을 말한다."

확실히 이는 유클리드공간에서든 비유클리드공간에서든 오직 직선에만 속한 속성이다. 그런데 그 속성이 여러 구체적 대상에 속한다는 것을 어떻게 경험적으로 알 수 있을까? 거리를 측정해야 하겠지만, 내가 물질로 이루어진 도구를 통해 측정한 어떤 구체적 양이 정말로 추상적 거리를 표상하고 있는지 어떻게 알 수 있을까?

우리는 어려움을 조금 뒤로 물러나게 했을 뿐이다.

사실 조금 전 내가 언급한 속성은 오직 직선만의 속성이 아니라 직선과 거리의 속성이다. 이것이 절대적 기준으로 이용되려면, 직선 이외의 선과 거리에 속하지 않을 뿐만 아니라, 직선 이외의 선과 거리 이외의 양에도 속하지 않는다는 것을 보여 줄 수 있어야 한다. 그런데 이는 참이 아니다.

따라서 유클리드적 체계에서는 해석될 수 있지만 로바체프스키적 체계에서는 해석될 수 없는 구체적인 실험을 상상하는 것은 불가능하며, 다음과 같이 결론지을 수 있다.

유클리드의 공준과 모순되는 경험은 결코 없고, 로바체프스키 공준과 모순되는 경험 또한 결코 없다.

V.

유클리드(혹은 비유클리드)기하학이 결코 경험을 통해 직접적으로 반박될 수 없다는 것만으로는 충분하지 않다. 충족이유율과 공간의 상대성원리를 위반해야만 경험과 일치할 수 있는 것이 아닐까?

내 생각은 이렇다. 임의의 물질 시스템을 하나 생각해 보자. 우리는 이 시스템의 여러 물체의 '상태'(예컨대 온도, 전위電位 등)와 공간에서의 위치를 고찰해야 한다. 그리고 이 위치의 결정을 가능하게 하는 소여들 가운데, 우리는 이 물체들의 상대적 위치를 결정하는 서로 간 거리와, 공간 내 시스템의 절대적 위치와 절대적 방위를 결정하는 조건을 구별할 것이다.

이 시스템에서 생기는 현상들의 법칙은 이 물체들의 상태와 서로 간의 거리에 의존하지만, 공간의 상대성과 수동성 때문에 시스템의 절대적 위치와 방위에는 의존하지 않는다.

다시 말해 임의의 한 순간에 물체의 상태와 서로 간의 거리는 오직 초기순간일 때의 동일 물체의 상태와 서로 간 거리에만 의존하고, 시스템의 초기절대위치와 초기절대방위에는 전혀 의존하지 않는다. 이를 축약해서 **상대성의 법칙**이라 하자.

지금까지 나는 유클리드기하학의 입장에서 이야기해 왔다. 어떤 경험이든 유클리드적 가설에 따른 해석을 허용하고 있다고 말했지만, 이는 비유클리드적 가설에 따른 해석 또한 허용하는 것이다. 우리는 일련의 실험을 하고 이를 유클리드적 가설에 따라 해석했으며, 이렇게 해석된 실험은 '상대성의 법칙'을 위반하지 않는다는 것을 알게 되었다.

이제 비유클리드적 가설에 따라 해석해 보자. 이는 언제나 가능하다.

다만 이 새로운 방식으로 해석된 서로 다른 물체들 간의 비유클리드적 거리는 보통 본래 방식으로 해석된 유클리드적 거리와 같지 않을 것이다.

이러한 새로운 방식으로 해석된 우리의 실험은 '상대성의 법칙'과 여전히 부합할까? 그리고 만일 부합하지 않더라도 여전히 경험은 비유클리드기하학의 오류를 증명했다고 말할 권리가 없는 것일까?

이는 공연한 걱정이라는 것을 쉽게 알 수 있다. 사실 상대성의 법칙을 매우 엄격하게 적용하려면 우주 전체에 적용해야 한다. 왜냐하면 만일 우주의 일부만 고려한다면, 그리고 만일 이 부분의 절대적 위치가 변한다면 우주의 다른 물체들까지의 거리 역시 변하고, 따라서 고려되고 있는 우주의 일부에 이 물체들이 끼치는 영향이 증가하거나 감소하여 거기서 일어나는 현상의 법칙을 변경할 것이기 때문이다.

하지만 만일 우리의 시스템이 우주 전체라면, 경험을 통해서는 공간 내 절대적 위치와 방위에 관해 알 수 없다. 우리의 도구가 아무리 완벽해도 우리에게 알려 줄 수 있는 것은 우주를 구성하고 있는 여러 부분의 상태와 서로 간 거리에 불과할 것이기 때문이다.

따라서 상대성의 법칙은 다음과 같이 기술할 수 있다.

임의의 한 순간에 우리의 도구를 통해 읽어 낼 수 있는 것은 오로지 최초의 순간에 동일한 도구를 통해 읽어 낼 수 있었던 것에만 의존할 것이다.

그런데 이러한 서술은 경험의 모든 해석과 무관하다. 만일 이 법칙이 유클리드적 해석으로 참이라면, 비유클리드적 해석으로도 참일 것이기 때문이다.

이 점에 관해 잠시 여담을 하고 싶다. 앞서 나는 시스템 내 물체들의 위치를 결정하는 소여에 대해 이야기했는데, 그것들의 속도를 결정하는 소여에 대해서도 언급하여 그때 물체들 간의 거리가 변하는 속도를 구별하고, 또한 시스템의 평행이동과 회전속도, 즉 절대적 위치와 방위가 변하는 속도를 구별해야 했다.

지성이 완전히 충족되려면 상대성의 법칙은 다음과 같이 기술되어야 했으리라.

임의의 한 순간 물체의 상태 및 서로 간 거리와, 같은 순간 이 거리들이 변하는 속도는 오직 최초의 순간 물체의 상태 및 서로 간 거리와, 최초의 순간 이 거리들이 변하는 속도에 의존하겠지만, 시스템의 최초 절대위치나 절대방위에도, 그 최초의 순간 이 위치와 방위가 변하는 속도에도 의존하지 않을 것이다.

안타깝게도 이렇게 기술된 법칙은 적어도 일반적으로 해석되는 경험과는 일치하지 않는다.

한 사람이 어떤 행성으로 옮겨졌다고 가정하고, 그 행성은 하늘이 계속 두꺼운 구름의 막으로 뒤덮여 있어 결코 다른 별들을 볼 수 없다고 하자. 거기서 그는 그 행성이 우주에서 고립되어 있는 것이라 여기며 살아갈 것이다. 하지만 그는 편평도를 측정하거나(보통 천문학적 관측을 이용하지만 순수 측지학적 방법으로도 가능하다) 푸코의 추 실험을 반복해서 그 행성이 회전한다는 사실을 알아차릴 수 있을 것이므로, 이 행성의 절대적 회전은 명백해질 것이다.

철학자라면 충격을 받겠지만, 물리학자라면 받아들일 수밖에 없는 사실이 거기에 있다.

뉴턴이 이 사실로부터 절대공간의 존재를 결론지었다는 것은 잘 알려져 있다. 나는 이러한 견해를 결코 받아들일 수 없는데, 그 이유는 3부에서 설명하겠다. 지금으로서는 이러한 곤란에 빠지고 싶지는 않다.

그래서 나는 상대성의 법칙에 대한 서술에서 물체의 상태를 결정하는 소여 가운데 모든 종류의 속도를 혼동된 채로 두어야 했다.

어쨌든 이러한 곤란은 유클리드기하학과 로바체프스키기하학에서도 매한가지기 때문에, 나는 이에 대해 걱정할 필요 없이 부수적으로 언급했을 뿐이다.

중요한 것은, 실험을 통해서는 유클리드와 로바체프스키 가운데 누가 옳은지 결정할 수 없다는 것이다.

요컨대 어떤 방식으로 검토해 보아도 기하학적 경험론에서 합리적인 의의를 찾을 수는 없다.

VI.

경험적 사실을 통해 우리는 물체 사이의 관계만 알 수 있다. 어떠한 실험도 물체와 공간 사이의 관계, 혹은 공간의 서로 다른 부분 간의 관계를 대상으로 하지 않는다. 아니, 대상으로 할 수도 없다.

이에 대해 당신은 다음과 같이 대답할 것이다. "그래, 단 한 차례의 실험으로는 불충분하군. 미지수는 여러 개인데 주어진 방정식은 단 하나이니 말이야. 하지만 실험을 충분히 한다면 모든 미지수를 구할 수 있을 만큼 충분한 방정식을 얻게 되겠지."

돛대의 높이를 안다고 해서 선장의 나이를 구할 수 있는 것은 아니다. 배의 모든 나뭇조각을 측정하면 방정식은 많이 얻을 수 있겠지만 선장의 나이를 더 잘 알게 되는 것은 아니다. 나뭇조각을 대상으로 하는 모든 측정은 이 조각에 관련된 것 외에는 아무것도 밝혀 주지 않는다. 마찬가지로 물체 사이의 관계만 대상으로 하는 실험은 그 횟수가 아무리 많아도 공간의 서로 다른 부분 간의 관계에 대해서는 아무것도 밝혀 주지 않을 것이다.

VII.

만일 실험이 물체를 대상으로 한다면, 그것은 적어도 물체의 기하학적 속성을 대상으로 하는 것이라 할 수 있을까?

먼저, 물체의 기하학적 속성을 통해 무엇을 알 수 있을까? 나는 물체와 공간 사이의 관계에 관한 것이라고 가정한다. 따라서 이러한 속성은 물체 사이의 관계만 대상으로 하는 실험을 통해서는 접근할 수 없다. 이것만으로, 문제가 될 수 있는 것은 이러한 속성이 아님을 충분히 알 수 있다.

그렇지만 물체의 기하학적 속성이라는 말의 의미를 이해하면서 시작하자. 내가 물체는 여러 부분으로 이루어져 있다고 말할 때, 나는 그 기하학적 속성을 명시한 것은 아니라고 가정한다. 이는 생각할 수 있는 가장 작은 부분에 점이라는 부적합한 이름을 붙이는 데 동의했을 때조차 참일 것이다.

내가 어떤 물체의 여러 부분이 다른 물체의 여러 부분과 접촉해 있다고 말할 때, 그 물체들 간의 관계에 관한 명제를 말하는 것이지 그 물체들과 공간 사이의 관계를 말하는 것은 아니다.

이는 기하학적 속성이 아니라는 데 당신도 나와 의견을 같이한다고 가정한다. 나는 적어도 이러한 속성은 계량기하학의 모든 지식에 독립적이라는 것만큼은 당신도 나와 의견을 같이할 것이라 확신한다.

그렇다고 하고, 8개의 가느다란 철침 OA, OB, OC, OD, OE, OF, OG, OH가 말단 O에 의해 서로 결합되어 이루어진 고체가 있다고 가정한다. 한편 또 하나의 고체, 예컨대 3개의 작은 잉크 자국 α, β, γ가 나 있는 나뭇조각이 있다고 하자. 다음으로 $\alpha\beta\gamma$와 AGO를 접촉시킬 수 있고(α와 A, β와 G, γ와 O가 동시에 접촉된다는 의미다), 이어서 $\alpha\beta\gamma$를 순차적으로 BGO, CGO, DGO, EGO, FGO와, 그리고 AHO, BHO, CHO, DHO, EHO, FHO와, 그러고 나서 $\alpha\gamma$를 순차적으로 AB, BC, CD, DE, EF, FA와 접촉시킬 수 있음이 확인되었다고 가정하자.

이는 미리 공간의 형식이나 계량적 속성에 대한 어떠한 개념을 갖고 있지 않아도 확인할 수 있는 것이다. 이는 결코 '물체의 기하학적 속성'을 대상으로 하지 않는다. 그리고 만일 실험이 수행된 물체가 로바체프스키의 군과 동일한 구조를 지닌 군에 의해(즉, 로바체프스키기하학에서의 고체와 동일한 법칙에 따라) 운동한다면, 이러한 확인은 불가능할 것이다. 따라서 이 물체들이 유클리드 군에 의해 운동한다는 것, 혹은 최소한 로바체프스키 군에 의해서는 운동하지 않는다는 것을 이 확인을 통해 충분히 입증할 수 있다.

이러한 확인은 유클리드 군과 양립할 수 있다는 것을 쉽게 알 수 있다.

만일 물체 $\alpha\beta\gamma$가 보통 기하학에서 말하는 변형되지 않는 고체이고 직각삼각형이라면, 공통 밑면이 ABCDEF, 각뿔의 꼭짓점이 각각 G, H인, 보통 기하학에서 말하는 정육각뿔 2개로 이루어진 다면체의 꼭짓점이 A, B, C, D, E, F, G, H라면 확인할 수 있을 것이다.

이제 앞에서처럼 확인하는 대신에 방금 했던 것처럼 $\alpha\beta\gamma$를 순차적으로 AGO, BGO, CGO, DGO, EGO, FGO, AHO, BHO, CHO, DHO, EHO, FHO에 접촉시킬 수 있고, ($\alpha\gamma$가 아닌) $\alpha\beta$를 순차적으로 AB, BC, CD, DE, EF, FA에 접촉시킬 수 있음을 관찰한다고 가정하자.

이는 만일 비유클리드기하학이 참이고, 물체 $\alpha\beta\gamma$, OABCDEFGH가 변형되지 않는 고체로, 각각 적당한 크기의 직각삼각형, 2개의 정육각뿔 결합체라면 확인할 수 있는 것이다.

따라서 이러한 새로운 확인은 물체가 유클리드 군에 의해 운동한다면 불가능하지만, 그 물체가 로바체프스키 군에 의해 운동한다고 가정한다면 가능해진다. 그래서 이러한 확인은 (만일 행해진다면) 문제가 되고 있는 물체가 유클리드 군에 의해 운동하지 않음을 입증하는 데 충분하다.

이처럼 나는 공간의 형태와 본성에 관한, 물체와 공간의 관계에 관한 어떤 가설도 세우지 않고, 물체에 어떤 기하학적 속성도 부여하지 않고 검증을 했다. 그리고 이로써 어떤 경우에는 실험의 대상이 된 물체가 유클리드적 구조를 지닌 군에 의해 운동하고, 다른 경우에는 로바체프스키적 구조를 지닌 군에 의해 운동한다는 것을 보여 줄 수 있었다.

첫 번째 검증 전체는 공간이 유클리드적임을 입증하는 경험을 구성하고, 두 번째 검증은 공간이 비유클리드적임을 입증하는 경험을 구성한다고는 하지 않기를 바란다.

사실 두 번째 검증 과정이 가능하도록 운동하는 물체를 상상(말 그대로 상상)할 수는 있다. 그리고 그 증거는 제일 먼저 찾아온 기계공이 수고할 마음과 지불할 돈만 있다면 제작할 수 있다는 것이다. 그렇다고 공간은 비유클리드적이라고 결론지어서는 안 된다.

뿐만 아니라 그 기계공이 방금 언급한 이상한 물체를 제작했더라도 보통의 고체는 계속 존재하므로 공간은 유클리드적인 동시에 비유클리드적이라고 결론지어야 한다.

예를 들어 반지름이 R인 큰 구가 있는데, 비유클리드적 세계를 묘사하면서 말했던 법칙에 따라 이 구의 중심에서 표면으로 갈수록 온도가 내려간다고 하자.

우리는 팽창은 무시해도 좋고, 보통 변형되지 않는 고체처럼 움직이는 물체를 가질 수 있으며, 다른 한편으로 팽창성이 크고 비유클리드적 고체처럼 움직이는 물체를 가질 수도 있다. 또한 2개의 이중각뿔 OABCDEFGH와 O′A′B′C′D′E′F′G′H′, 그리고 2개의 삼각형 $\alpha\beta\gamma$와 $\alpha′\beta′\gamma′$을 가질 수 있다. 첫 번째 이중각뿔은 모서리가 직선이고 두 번째 이중각뿔은 곡선이며, 삼각형 $\alpha\beta\gamma$는 팽창하지 않는 물질로 이루어져 있고 또 다른 삼각형은 팽창하기 쉬운 물질로 이루어져 있다고 하자.

그러면 이중각뿔 OABCDEFGH와 삼각형 $\alpha\beta\gamma$로써 첫 번째 검증을, 이중각뿔 O′A′B′C′D′E′F′G′H′과 삼각형 $\alpha′\beta′\gamma′$으로써 두 번째 검증을 할 수 있고, 우리는 실험을 통해 먼저 유클리드기하학이 참이고, 다음으로 유클리드기하학이 거짓임이 입증되었다고 생각할 것이다.

따라서 실험은 공간이 아니라 물체를 대상으로 한 것이다.

보론

VIII.

완벽을 기하기 위해서는 미묘하고 긴 설명을 요하는 문제에 대해 언급해야겠지만, 여기서는 내가 『형이상학과 도덕』*Revue de Métaphysique et de Morale*과 『일원론자』*The Monist*에 발표한 것을 요약하는 데 그칠 것이다. 공간이 삼차원이라는 것은 무슨 의미일까?

우리는 근육감각에 의해 드러나는 '내적 변화'의 중요성을 살펴보았다. 이는 신체의 갖가지 자세를 특징짓는 데 사용할 수 있다. 출발점으로 이 자세 중 하나를 임의로 골라 A라고 하자. 첫 번째 자세에서 또 다른 임의의 자세 B로 넘어갈 때, 우리는 근육감각의 한 계열 S를 경험하고 이 계열 S는 B를 결정할 것이다. 그렇지만 우리는 종종 두 계열 S와 S′을 동일한 자세 B를 결정하는 것으로 여긴다는 데 주의하자(중간 자세와 이에 해당하는 감각은 서로 달라도 처음과 마지막 자세인 A와 B는 동일할 수 있기 때문이다). 그렇다면 우리는 왜 이 두 계열이 등가라고 인식하는가? 이것들은 동일한 외적 변화를 보상하는 데 쓰일 수 있기 때문이다. 더 일반적으로 말해서, 외적 변화를 보상할 때 이 계열들 중 하나는 다른 계열로 대체될 수 있기 때문이다.

이 계열들 가운데 그 자체만으로 외적 변화를 보상할 수 있는 것들을 구별하여 '이동'이라 했다. 서로 매우 근접한 두 이동은 구별할 수 없으므로 이러한 이동의 집합은 물리적 연속의 특징을 보여 준다. 이는 6차원 물리적 연속의 특징이라는 것을 경험을 통해 알 수 있지만, 공간 그 자체는 몇 차원인지 여전히 모르기 때문에 우리는 또 다른 문제를 해결해야 한다.

공간의 점이란 무엇인가? 누구나 안다고 믿지만 이는 착각이다. 공간에서의 한 점을 표상하려 할 때, 우리가 보는 것은 흰 종이에 찍힌 검은 반점, 검은 칠판에 묻은 분필의 반점, 즉 항상 어떤 물체[=대상]이다. 그러므로 이 문제는 다음과 같이 이해해야 한다.

대상 B가 방금 전 대상 A가 점하고 있던 동일점에 있다고 할 때, 이는 무슨 의미일까? 그리고 어떤 기준에 따라 그것을 알 수 있을까?

말하자면 나는 움직이지 않았는데도(나의 근육감각을 통해 알 수 있다) 방금 전 대상 A를 만지고 있던 나의 엄지손가락이 지금 대상 B를 만지고 있다는 것이다. 나는 예컨대 다른 손가락이나 시각과 같은 다른 기준을 사용할 수도 있었지만 첫 번째 기준만으로 충분하며, 이에 대한 대답이 긍정이면 다른 모든 기준에 대해서도 마찬가지라는 것을 알고 있다. 나는 이를 **경험적으로** 아는 것이지 선험적으로 알 수는 없다. 이와 같은 이유로 촉각은 원격으로 작용할 수 없다고 하는 것이며, 이는 동일한 실험적 사실을 다른 방식으로 기술한 것이다. 반면에 시각이 원격으로 작용한다면, 이는 다른 기준들은 아니라고 대답하는 데 반해, 시각을 통해 제공된 기준은 그렇다고 대답할 수 있다는 것을 의미한다.

실제로 대상이 멀어져도 망막의 동일한 점에 상이 맺힐 수 있다. 시각은 그렇다고, 대상은 계속 동일한 점에 있다고 대답하지만, 촉각은 아니라고 대답한다. 왜냐하면 방금 전까지 손가락으로 만지고 있던 대상을 이제 더 이상 만지고 있지 않기 때문이다. 만일 경험이 우리에게 다른 손가락이 그렇다고 대답할 때 한 손가락이 아니라고 대답할 수 있음을 보여 주었다면, 우리는 촉각도 원격으로 작용한다고 말할 것이다.

요컨대 내 신체의 각 자세에 대해 엄지손가락은 한 점을 결정하는데, 그것이 그리고 오직 그것만이 공간의 한 점을 결정하는 것이다.

이런 식으로 각 자세마다 한 점씩 대응되지만, 동일한 점이 서로 다른 여러 자세에 대응되는 일도 종종 있다(이 경우 우리는 손가락은 움직이지 않았지만 신체의 나머지 부분이 움직였다고 말한다). 따라서 우리는 자세의 변화들 중에서 손가락이 움직이지 않는 경우를 구별한다. 왜 그렇게 될까? 우리는 종종 이러한 변화 속에서 손가락과 접촉해 있는 물체는 계속 접촉해 있다는 데 주의하기 때문이다.

그러면 우리가 그처럼 구별한 변화들 중 하나로부터 차례로 도출되는 모든 자세를 같은 부류에 포함시키자. 같은 부류의 모든 자세는 공간의 동일한 점에 대응되고, 각각의 부류에는 하나의 점이, 각각의 점에는 하나의 부류가 대응될 것이다. 하지만 경험을 통해 이를 수 있는 것은 점이 아니라 변화의 부류, 아니면 대응하는 근육감각의 부류라고 할 수 있다.

그러므로 공간이 삼차원이라는 것은 단지 이 부류들 전체가 삼차원 물리적 연속의 특징을 가지고 있는 것 같다는 의미에 불과하다.

우리에게 공간이 몇 차원인지 가르쳐 준 것은 바로 경험이라고 결론짓고 싶어질지도 모른다. 그러나 사실 이때도 우리의 경험은 공간이 아니라, 우리의 신체와 그 인접한 물체와의 관계를 대상으로 하고 있었고, 게다가 이 경험은 지나치게 조잡한 것이었다.

우리의 지성 내에는 군의 잠재 관념이 상당수 선재하고 있으며, 리^{Lie}의 이론이 바로 이와 관련되어 있다. 자연현상과 비교하기 위한 일종의 척도를 만들려면 이들 중 어떤 것을 선택해야 할까? 그리고 군이 선택되었다면, 공간의 점을 특징짓기 위해 어떤 부분군을 채택해야 할까? 경험은 어떤 선택이 신체의 속성에 가장 잘 들어맞는지 보여 줌으로써 우리를 안내해 주었다. 하지만 경험의 역할은 거기까지다.

선조로부터의 경험

설령 개별적 경험으로써 기하학이 창시되지 못했을지라도 선조로부터의 경험으로써는 이와 다를 것이라고 흔히들 말해 왔다. 그런데 이는 무슨 의미일까? 우리는 유클리드의 공준을 경험적으로 증명할 수 없지만, 우리의 선조들은 할 수 있었다는 의미일까? 가당치 않다. 우리의 지성은 자연선택에 의해 외적 세계의 조건에 적응해 왔고, 인간이라는 종에 가장 유리한, 다시 말해 가장 편리한 기하학을 채택했다는 의미다. 이는 기하학이 참인 것이 아니라 유리한 것이라는 우리의 결론과 완전히 일치한다.

3부

●●●

힘

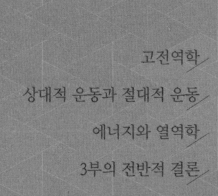

고전역학

영국인들은 역학을 하나의 실험과학으로서 가르친다. [유럽] 대륙에서는 정도의 차이는 있을지언정 항상 연역적이고 선험적인 과학으로서 다룬다. 두말할 필요도 없이 영국인들이 옳다. 그런데 서로 다른 방식들이 어떻게 그토록 오래 지속될 수 있었을까? 선학들의 관습에서 벗어나려 했던 [유럽] 대륙의 과학자들은 왜 대부분 거기에서 완전히 벗어나지 못했을까?

게다가 만일 역학의 원리가 경험 이외의 다른 근원을 갖지 않는다면, 이 원리는 근사적이고 일시적인 것에 불과한 것일까? 언젠가 새로운 경험을 통해 그 원리를 변경하거나 심지어 포기하게 되는 것은 아닐까?

이는 자연스럽게 생기는 의문인데, 그 해답을 얻기가 어려운 것은 주로 역학의 개론서들이 경험이란 무엇이고 수학적 추론이란 무엇인지,

규약이란 무엇이고 가설이란 무엇인지를 명확하게 구별하지 않는다는 데서 비롯된다.

그뿐만이 아니다.

1. 절대공간은 존재하지 않으며, 우리는 상대적 운동만 생각할 수 있다. 그렇지만 대개의 경우 역학적 사실은 마치 그와 결부된 절대공간이 있는 것처럼 기술된다.

2. 절대시간은 존재하지 않는다. 두 지속이 같다는 것은 그 자체로는 아무런 의미도 없고, 규약에 의해서만 의미를 부여받을 수 있다는 주장일 뿐이다.

3. 우리는 두 지속의 등가성에 대한 직접적 직관을 갖고 있지 않을 뿐만 아니라, 서로 다른 장면에서 일어나는 두 사건의 동시성에 대한 직접적 직관도 갖고 있지 않다. 이것은 내가 「시간의 측정」La mesure du temps[1] 이라는 제목의 논문에서 설명한 것이다.

4. 마지막으로 우리의 유클리드기하학은 그 자체로 일종의 언어 규약에 지나지 않는다. 역학적 사실은 비유클리드공간과 결부되어 기술할 수 있는데, 비유클리드공간은 더 불편하기는 해도 우리의 보통 공간과 마찬가지로 정당한 좌표일 것이다. 그 서술은 훨씬 더 복잡해지겠지만 여전히 가능할 것이다.

---

1 『형이상학과 도덕』 *Revue de Métaphysique et de Morale*, t. VI, pp. 1~13(janvier 1898). 또한 『과학의 가치』 *La Valeur de la Science* 2장 참조.

이와 같이 절대공간, 절대시간, 기하학조차 역학을 강제하는 조건이 아니다. 이 모든 것이 역학에 선재하지 않는다는 것은 프랑스어가 프랑스어로 표현된 진리에 논리적으로 선재하지 않는다는 것과 마찬가지다.

역학의 기초법칙들을 이 모든 규약에 독립적인 언어로 기술하려고 노력한다면 그 법칙들 자체가 무엇인지 분명 더 잘 이해될 것이다. 이는 앙드라드Jules Andrade가 그의 저서 『물리역학 강의』*Leçons de Mécanique physique* 에서 적어도 부분적으로 시도했던 것이다.

물론 이러한 법칙들의 서술은 훨씬 더 복잡해질 것이다. 이 모든 규약은 바로 이 서술을 단축하고 단순화하기 위해 채택된 것이기 때문이다.

나는 절대공간과 관계된 것을 제외한 모든 어려움을 내버려 둘 것인데, 이는 내가 그것을 무시해서가 아니라 1, 2부에서 충분히 검토했기 때문이다.

따라서 절대시간과 유클리드기하학을 **일시적으로** 받아들일 것이다.

관성의 원리

어떠한 힘도 받지 않는 물체는 등속직선운동만 할 수 있다.

이는 우리의 지성에 선험적으로 강제하는 진리일까? 만일 그렇다면 [고대] 그리스인들은 왜 그것을 오인했을까? 왜 그들은 운동을 일으킨 원인이 사라지자마자 그 운동은 멈춘다거나, 모든 물체는 방해받지 않는다면 모든 운동 가운데 가장 고상한 원운동을 할 것이라고 믿을 수 있었을까?

만일 물체의 속도가 그것이 변할 아무런 이유 없이는 변할 수 없다고 한다면, 마찬가지로 외적 원인에 의해 변경되지 않으면 그 물체의 위치 혹은 그 궤도의 곡률도 변할 수 없다고 주장할 수는 없을까?

관성의 원리는 선험적 진리가 아니다. 그러면 실험적 사실일까? 그런데 모든 힘의 작용으로부터 벗어난 물체에 대한 실험이 행해진 적이 있을까? 만일 그렇다면 이 물체가 어떠한 힘도 받지 않았다는 것을 어떻게 알았을까? 보통은 대리석 탁자 위를 오랜 시간 동안 굴러다니는 공을 예로 드는데, 왜 공이 어떠한 힘도 받지 않는다고 할까? 다른 모든 물체에서 너무 멀리 떨어져 있어 어떠한 감각 가능한 작용도 받지 못하기 때문일까? 그렇지만 공중으로 자유로이 던져졌을 때보다 지구로부터 더 먼 것은 아니다. 그리고 그 경우에는 지구로부터 중력의 영향을 받는다는 것은 누구나 알고 있다.

역학을 가르치는 교수들에게는 이러한 공의 예시에 관해 재빨리 넘어가는 관례가 있다. 그들은 관성의 원리는 그 결과에 의해 간접적으로 검증된다고 덧붙인다. 좋지 않은 표현이지만, 이는 관성의 원리를 단지 하나의 특수한 경우로서 포함하는 더 일반적인 원리의 여러 결과를 검증할 수 있다는 의미다.

이러한 일반적 원리로서 나는 다음과 같은 명제를 제시한다.

물체의 가속도는 그 물체의 위치, 인접한 물체들의 위치, 그리고 이들의 속도에만 의존한다.

수학자라면 우주에 존재하는 모든 물질 입자의 운동은 이계미분방정식에 의존한다고 말할 것이다.

바로 이것이 관성의 법칙의 자연적 일반화라는 것을 분명히 하기 위해 가상의 이야기를 했으면 한다. 관성의 법칙은 앞서 말했듯이 우리에게 선험적으로 강제하는 것이 아니고, 다른 법칙들도 이와 마찬가지로 충족이유율과 양립할 수 있다. 만일 물체가 어떤 힘도 받지 않는다면, 그 속도가 변하지 않는다고 가정하는 대신에 변하지 않는 것은 위치 혹은 가속도여야 한다고 가정할 수 있다.

이제 잠시 동안 이 두 가설적 법칙 중 하나가 자연적 법칙이며 관성의 법칙을 대체한다고 가정하자. 그런데 자연적 일반화란 무엇인가? 잠깐 숙고해 보면 알 수 있다.

첫 번째 경우, 물체의 속도는 그 물체와 주변 물체들의 위치에만 의존한다고 가정해야 한다. 두 번째 경우, 물체의 가속도 변화는 그 물체와 주변 물체들의 위치, 속도, 그리고 가속도에만 의존한다고 해야 한다.

혹은 수학적 언어로 표현한다면, 운동의 미분방정식은 첫 번째 경우에는 일계, 두 번째 경우에는 삼계일 것이다.

우리의 허구적 이야기를 조금 변경하자. 우리의 태양계와 유사하지만, 어떤 특이한 우연에 의해 모든 행성 궤도의 이심률과 경사가 0이 된 세계를 상상해 보자. 또한 행성들의 질량이 너무 작아 서로 간의 섭동은 감지되지 않는다고 가정하자. 이 행성들 중 한 곳에 거주하는 천문학자는 틀림없이 천체의 궤도는 원이며 어떤 평면에 평행할 수밖에 없다고 결론 내릴 것이다. 그러면 어느 주어진 순간 어떤 천체의 위치는 그 속도와 궤도 전체를 결정하는 데 충분하고, 그가 채용할 관성의 법칙은 방금 기술한 두 가설적 법칙 중 첫 번째일 것이다.

이제 어느 날 멀리 떨어진 별자리에서 온 질량이 큰 물체가 빠른 속도로 이 계를 가로지르게 된다고 가정하자. 모든 궤도가 크게 흔들리겠지만 천문학자는 아직 크게 놀라지는 않을 것이다. 그는 이 새로운 천체가 모든 화의 유일한 원흉이라고 추측할 것이다. 하지만 이 천체가 지나가면 질서는 스스로 회복될 것이라고, 분명 행성에서 태양까지의 거리는 이 천재지변 이전으로 돌아가지는 않겠지만 이 교란자가 사라지면 궤도는 다시 원이 될 것이라고 말할 것이다.

그 천문학자는 혼란을 일으키는 물체가 멀어졌는데도 궤도가 다시 원이 되지 않고 타원이 되었을 때만 자신의 오류를 깨닫고 역학 전체를 재구축할 필요성을 인식할 것이다.

내가 이 가설들을 다소 고집한 이유는 일반화된 관성의 법칙이 무엇인지는 반대의 가설과 대립시켜야만 이해할 수 있다고 생각하기 때문이다.

그런데 일반화된 관성의 법칙은 경험을 통해 검증된 적이 있거나, 아니면 검증될 수 있을까? 뉴턴이 『프린키피아』를 썼을 때, 그는 분명 이 진리가 실험적으로 획득되어 증명된 것이라 여겼다. 그의 눈에 그렇게 비친 것은 나중에 다시 언급할 의인화된 우상뿐만 아니라 갈릴레이의 작업과 케플러의 법칙 자체를 통해서였다. 실제 이 법칙에 따르면, 행성의 궤도는 최초의 위치와 속도로 결정된다. 바로 이것이 우리의 일반화된 관성의 원리가 요구하는 것이다.

이 원리가 겉으로만 참이려면, 언젠가 이 원리가 조금 전에 대립시켰던 이와 비슷한 원리들 중 하나로 대체되어야 한다는 것을 염려할 수 있으려면, 앞서 전개한 상상 속 이야기에서 가공의 천문학자를 오류에 빠뜨렸던 것과 같은 어떤 놀라운 우연에 의해 미혹되었어야 한다.

이러한 가설은 너무 비현실적이기 때문에 이에 멈춰 서는 이는 없을 것이다. 이러한 우연이 있을 것이라고는 아무도 믿지 않을 것이다. 물론 두 이심률이 관측오차를 제외하고 정확히 0이 될 확률은, 예를 들어 그 중 하나의 이심률이 관측오차를 제외하고 정확히 0.1, 다른 하나는 0.2가 될 확률보다 작은 것이 아니다. 단순한 사건의 확률은 복잡한 사건의 확률보다 작다고 할 수 없다. 그렇지만 단순한 사건이 일어났다고 해서 자연이 일부러 우리를 속인 것이라고는 믿고 싶지 않을 것이다. 이러한 유형의 오류가 있는 가설을 배제하면, 천문학에 관한 한 우리의 법칙은 경험을 통해 검증되었다고 인정될 수 있다.

그러나 천문학이 물리학 전체는 아니다.

언젠가 어떤 새로운 실험이 등장하여 그 법칙이 물리학의 어떤 분야에서는 잘못되었음이 드러날 것이라고 염려할 수 있지 않을까? 실험적인 법칙은 언제든 수정될 수 있으며, 더 정확한 다른 법칙에 의해 대체될 수 있다는 것을 늘 예상하고 있어야 한다.

하지만 우리가 이야기하는 법칙이 언젠가 버려지거나 개선될 것이라고 해서 심각하게 두려워할 사람은 아무도 없다. 왜 그럴까? 바로 그 법칙을 결정적인 시험에 내맡길 수 없기 때문이다.

먼저 이 시험이 완전하려면, 일정 시간 이후에 우주의 모든 물체가 초기속도로 초기위치에 돌아와야 한다. 그러면 그 순간부터 그 물체들이 한 번 지나갔던 궤도를 다시 따르게 될지 알 수 있다.

하지만 이러한 시험은 불가능하고 부분적으로만 시행할 수 있으며, 설령 시행했어도 초기위치로 돌아오지 않는 물체는 항상 존재할 것이다. 이처럼 그 법칙의 모든 예외는 쉽게 설명할 수 있다.

이뿐만이 아니다. 천문학에서 우리는 운동 연구의 대상이 되는 물체를 보며, 대부분의 경우 보이지 않는 다른 물체들의 작용을 받지 않는다고 가정한다. 이러한 조건에서 우리의 법칙은 검증되거나 검증되지 않아야 한다.

하지만 물리학에서는 이와 다르다. 물리적 현상이 운동에 기인하는 것이라 해도 보이지 않는 입자들의 운동에 기인하는 것이다. 그렇다면 만일 우리가 보고 있는 어떤 물체의 가속도가 눈에 보이는 다른 물체 혹은 이전부터 그 존재를 인식하게 된 보이지 않는 입자들의 위치나 속도가 아닌 다른 것에 의존한다고 생각된다면, 이 다른 것은 우리가 이제껏 그 존재를 짐작조차 하지 못했던 다른 입자들의 위치나 속도라고 가정하는 데 아무런 문제도 없고, 이 법칙은 보호받을 것이다.

잠시 수학적 언어를 사용하여 같은 생각을 다르게 표현해 보려 한다. n개의 입자를 관찰하여 그 $3n$개의 좌표가 $3n$개의 사계(관성의 법칙에 요구되는 것처럼 이계가 아니다)연립미분방정식을 만족시킴을 확인했다고 가

정하자. $3n$개의 보조변수를 도입함으로써 $3n$개의 사계연립미분방정식
은 $6n$개의 이계연립미분방정식으로 환원될 수 있다는 것을 우리는 알고
있다. 이때 만일 이 $3n$개의 보조변수가 n개의 보이지 않는 입자의 좌표
를 나타낸다고 가정하면, 그 결과는 다시 관성의 법칙과 부합한다.

　요컨대 어떤 특수한 경우에 실험적으로 검증된 이 법칙은 가장 일반
적인 경우로 문제없이 확장될 수 있다. 왜냐하면 일반적인 경우에는 실
험을 통해 이를 확증할 수도 반박할 수도 없다는 것을 알고 있기 때문
이다.

가속도의 법칙

어떤 물체의 가속도는 가해진 힘을 질량으로 나눈 값이다.

　이 법칙은 경험을 통해 검증할 수 있을까? 만일 그렇다면 명제에 명
기된 세 가지 양, 즉 가속도, 힘, 질량을 측정해야 한다.

　나는 시간의 측정에서 비롯되는 곤란을 피할 것이기 때문에 가속도
를 측정할 수 있다고 간주한다. 그런데 힘과 질량은 어떻게 측정할까?
우리는 그것이 무엇인지조차 알지 못한다.

　질량이란 무엇인가? 뉴턴은 "부피에 밀도를 곱한 것이다"라고 했
으며, 톰슨William Thomson과 테이트Peter Guthrie Tait는 "밀도는 질량을 부피
로 나눈 몫이라고 하는 편이 낫다"고 했다. **힘**이란 무엇인가? 라그랑
주Joseph Louis Lagrange는 "어떤 물체의 운동을 일으키거나 운동을 재현하려
는 경향이 있는 원인이다"라고 했으며, 키르히호프Gustav Robert Kirchhoff는

"질량과 **가속도의 곱이다**"라고 했다. 그런데 왜 질량이란, 힘을 가속도로 나눈 몫이라고 하지 않을까?

이 곤란은 수습할 수 없다.

힘이 운동의 원인이라고 할 때, 이는 형이상학을 하는 것이다. 만일 그것으로 만족해야 한다면, 이 정의는 완전히 무익할 것이다. 어떤 정의가 무언가에 쓸모 있으려면 우리에게 힘을 **측정**하는 방법을 가르쳐 주어야 하며 그것으로 충분하다. 힘 그 **자체**란 무엇인지, 또한 힘은 운동의 원인인지 결과인지 우리에게 가르쳐 줄 필요가 전혀 없기 때문이다.

따라서 먼저 두 힘이 같다는 것이 무엇인지 정의해야 한다. 언제 두 힘이 같다고 할 수 있을까? 동일한 질량에 가해졌을 때 동일한 가속도를 내게 하거나, 서로 반대 방향으로 작용할 때 평형을 이룬다면 같다고 할 수 있다. 하지만 이 정의는 빛 좋은 개살구에 불과하다. 기관차를 분리하여 다른 열차에 연결하듯이 어떤 물체에 가해진 힘을 분리하여 다른 물체에 적용시킬 수는 없는 것이다. 따라서 어떤 물체에 가해진 어떤 힘이 **만일** 다른 물체에 적용된다면 가속도를 얼마나 내게 할지 알 수 없다. 서로 반대 방향으로 작용하지 않은 두 힘이 **만일** 반대 방향으로 작용하면 어떻게 될지 알 수 없는 것이다.

동력계를 이용하거나 분동으로 평형을 맞추어 힘을 측정할 때, 이를테면 수치화하려는 것이 바로 이 정의다. 두 힘 F와 F′을 편의상 아래에서 위로 수직 작용한다고 가정하고, 각각 두 물체 C와 C′에 가해진다고 하자. 무게가 P인 물체를 먼저 C에 매단 후 C′에 매달자. 만일 두 경우 모두 평형을 이룬다면, 두 힘 F와 F'은 모두 물체 P의 무게와 같으므로 서로 같다고 결론지을 것이다.

하지만 물체 P가 첫 번째 물체에서 두 번째 물체로 옮겨졌을 때 같은 무게를 유지하고 있었다고 확신할 수 있을까? 전혀 그렇지 않다. 오히려 그 반대라고 확신한다. 중력의 세기는 지점마다 다르며, 예컨대 극지에서는 적도에서보다 더 크다는 것을 나는 알고 있다. 물론 그 차는 극히 작기 때문에 실제로 고려하지는 않겠지만, 훌륭한 정의는 수학적 엄밀성을 갖추어야 한다. 그런데 이 엄밀성이 존재하지 않는다는 것이다. 내가 무게에 대해 말하는 것은 분명히 동력계 용수철의 힘에도 적용될 것이며, 그 힘은 온도를 비롯한 많은 상황에 따라 변동될 수 있다.

뿐만 아니라 물체 P의 무게는 물체 C에 가해져 힘 F와 직접 평형을 이룬다고는 할 수 없다. 물체 C에 가해지는 것은 물체 P가 물체 C에 미치는 작용 A이기 때문이다. 물체 P 쪽에서는 한편으로는 그 무게를, 다른 한편으로는 물체 P에 대한 물체 C의 반작용 R을 받는다. 결국 힘 F와 힘 A는 평형을 이루기 때문에 서로 같다. 힘 A는 작용 반작용의 원리에 의해 R과 같다. 끝으로 힘 R과 무게 P는 평형을 이루므로 서로 같다. 이 세 등식으로부터 우리는 힘 F와 무게 P가 서로 같다는 결론을 이끌어 낼 수 있다.

따라서 우리는 두 힘이 같다는 정의에 작용 반작용의 원리를 개입시켜야 했다. 그렇다면 이 원리는 더 이상 실험적 법칙이 아니라 정의로 간주되어야 한다.

이제 우리는 두 힘이 같다는 것을 알기 위해 두 가지 규칙을 쥐고 있다. 즉, 평형을 이루는 두 힘은 같다는 것과, 작용과 반작용은 같다는 것이다. 그러나 앞서 보았듯이 이 두 가지 규칙만으로는 충분하지 않다. 세 번째 규칙을 통해 어떤 힘, 예컨대 물체의 무게와 같은 것은 그 크기와 방향이 일정하다는 것을 받아들여야 한다. 그러나 세 번째 규칙은 전에도 말했듯이 실험적 법칙이기 때문에 근사적으로만 참이며, 이는 **좋지 않은 정의이다.**

따라서 우리는 키르히호프의 정의로 되돌아오게 된다. **힘은 질량과 가속도의 곱이다.** 이 '뉴턴의 법칙'은 더 이상 실험적 법칙으로 여겨지지 않으며, 하나의 정의에 불과하다. 그러나 이 정의는 여전히 불충분한데, 우리는 질량이 무엇인지 알지 못하기 때문이다. 물론 이 정의는 동일한 물체에 서로 다른 순간에 가해진 두 힘의 비를 계산할 수 있게 해 주지만, 서로 다른 두 물체에 가해진 두 힘의 비에 관해서는 아무것도 가르쳐 주지 않는다.

이를 보완하기 위해서는 또다시 뉴턴의 세 번째 법칙(작용 반작용의 법칙)을 실험적 법칙이 아닌 하나의 정의로 간주하여 이로부터 도움을 받아야 한다. 즉, 두 물체 A와 B는 서로에게 작용한다. A의 가속도와 질량의 곱은 A에 대한 B의 작용과 같다. 마찬가지로 B의 가속도와 질량의 곱은 B에 대한 A의 반작용과 같다. 정의에 따라 작용과 반작용은 같으므로, A와 B의 질량은 각 물체의 가속도에 반비례한다. 이처럼 두 질량의 비가 정의되며, 이 비가 일정하다는 검증은 실험을 통해 이루어진다.

이는 두 물체 A와 B만 있고 세계의 나머지 부분 전체의 작용으로부터 벗어나 있다면 잘 맞겠지만, 결코 그럴 수는 없다. A의 가속도는 B의 작용뿐만 아니라 여러 다른 물체 C, D 등의 작용에 기인하는 것이다. 따라서 위의 규칙을 적용하려면 A의 가속도를 여러 성분으로 분해하고 이중 어떤 성분이 B의 작용에 기인하는지를 식별해야 한다.

만일 물체 C가 있어도 A에 대한 B의 작용이 변경되지 않고, 혹은 물체 B가 있어도 A에 대한 C의 작용이 변경되지 않으면서 A에 대한 C의 작용이 단지 A에 대한 B의 작용에 더해진다고 가정하면, 따라서 임의의 두 물체가 서로 끌어당길 때 그 상호작용이 이들을 잇는 직선 방향으로 일어나고 그 거리에만 의존한다고 가정하면, 한마디로 **중심력** 가설을 받아들인다면 이러한 분해는 가능할 것이다.

주지하듯이 천체의 질량을 결정하기 위해서는 전혀 다른 원리를 이용해야 한다. 중력의 법칙은 두 물체의 인력이 그 질량에 비례한다는 것을 가르쳐 준다. 두 물체 사이의 거리를 r, 각각의 질량을 m과 m', 그리고 k를 상수라 하면, 둘 사이의 인력은 다음과 같다.

$$\frac{kmm'}{r^2}$$

그러므로 우리가 측정하는 것은 힘과 가속도의 비로서의 질량이 아니라, 인력이 작용하는 질량이다. 물체의 관성이 아니라 끌어당기는 힘이라는 것이다.

이는 간접적인 방법이며 이것을 이용하는 것이 이론적으로 불가결한

것은 아니다. 인력은 질량의 곱에 비례하는 것이 아니라 거리의 제곱에

반비례한다고 가정해도, 즉

$$f = kmm'$$

이 아니라

$$\frac{f}{r^2}$$

라고 가정해도 좋았을 것이다.

그렇게 해도 천체의 **상대적** 운동을 관측함으로써 그 질량을 측정할

수 있을 것이다.

하지만 우리에게 중심력 가설을 인정할 권리가 있을까? 이 가설은

엄밀히 정확할까? 그것이 경험을 통해 반박되지 않으리라고 확신할 수

있을까? 과연 누가 이를 단정할 수 있을까? 그리고 만일 이 가설을 포기

해야 한다면 그토록 공들여 쌓은 탑 전체가 무너지고 말 것이다.

우리는 더 이상 B의 작용에 의한 A의 가속도의 성분에 대해 말할 권

리가 없다. 우리에게는 그것을 C나 다른 물체의 작용에 의한 성분과 구

별할 어떤 방법도 없기 때문에 질량을 측정하기 위한 규칙은 적용할 수

없다.

그럼 작용과 반작용의 원리로부터 무엇이 남아 있을까? 만일 중심력

가설이 거부된다면, 이 원리는 분명 다음과 같이 서술되어야 한다. 즉,

외부의 모든 작용으로부터 벗어난 계의 서로 다른 물체들에 가해지는

모든 힘의 기하학적 합력은 0이다. 다시 말해 이 계의 무게중심은 등속직

선운동을 한다.

이것이야말로 질량을 정의하는 방법인 것처럼 생각된다. 무게중심의 위치는 명백히 질량에 부여된 값에 의존하며, 무게중심이 등속직선운동을 하도록 이 값들을 배열해야 한다. 그러나 이는 뉴턴의 세 번째 법칙이 참이라면 언제든 가능하지만, 일반적으로는 단 한 가지 방식으로만 가능하다.

하지만 외부의 모든 작용으로부터 벗어난 계는 존재하지 않는다. 우주의 모든 부분은 강도의 차이는 있지만 다른 모든 부분으로부터 작용을 받는다. 무게중심의 운동법칙은 우주 전체에 적용되는 한에서만 엄밀히 참이다.

그런데 질량의 값을 얻기 위해서는 우주의 무게중심이 어떻게 운동하는지 관측해야 하는데, 이 귀결은 명백히 불합리하다. 우리는 상대적 운동밖에 인식하지 못하며, 우주의 무게중심이 어떻게 운동하는지는 영원히 미지의 것으로 남아 있을 것이기 때문이다.

따라서 모든 것이 사라졌고 우리의 노력은 부질없는 것이었다. 우리는 무능함의 자백에 불과한 다음과 같은 정의로부터 빠져나갈 수 없게 되었다. 질량이란, 계산에 도입하면 편리한 계수다.

우리는 모든 질량에 전혀 다른 값을 부여함으로써 역학 전체를 재구축할 수 있다. 이 새로운 역학은 경험과도, 동역학의 일반원리들(관성의 원리, 힘은 질량과 가속도에 비례한다는 것, 작용과 반작용이 같다는 것, 무게중심의 등속직선운동, 면적속도 일정의 원리)과도 모순되지 않을 것이다.

다만 이 새로운 역학의 방정식이 더 간단하지는 않을 것이다. 잘 살펴보자. 간단하지 않은 것은 오직 최초의 항들, 즉 경험을 통해 이미 알게 된 항들뿐이고, 질량이 약간씩 변해도 **완비방정식**의 단순함이 증대되거나 감소되지는 않을 것이다.

헤르츠Heinrich Rudolf Hertz는 역학의 원리들이 엄밀히 참인지를 자문했다. "많은 물리학자의 의견에 따르면, 아무리 먼 미래의 경험일지라도 역학의 견고한 원리를 결코 바꿀 수 있을 것 같지는 않다. 그렇지만 경험에서 나온 것은 항상 경험을 통해 수정될 수 있는 것이다."

방금 말한 바로부터 염려는 불필요한 것처럼 보일 것이다. 우리는 동역학의 원리를 처음에는 실험적 진리라 생각했지만, 결국 정의로 이용해야 했다. 힘이 질량과 가속도의 곱이라는 것은 **정의에 의한** 것이다. 바로 이것이 차후 어떤 경험의 공격에도 방해받지 않고 안전한 곳에 위치할 원리다. 작용과 반작용이 같다는 것도 정의에 의한 것이다.

하지만 그렇다면 검증할 수 없는 원리는 완전히 무의미하다고 할 수 있다. 그것은 실험을 통해 반박될 수는 없지만, 우리에게 어떤 쓸모가 있다고 가르쳐 주지도 못한다. 그러면 역학의 연구가 무슨 소용이 있을까?

이토록 성급한 선고는 부당하다고 할 수 있다. 자연에는 **완벽하게** 고립되어 외부의 모든 작용으로부터 완전히 벗어난 계는 존재하지 않지만, 거의 고립된 계는 존재하기 때문이다.

이러한 계를 관찰한다면, 서로 다른 부분들 간의 상대적 운동뿐만 아니라, 우주의 다른 부분들에 대한 그 계의 무게중심 운동도 연구할 수 있다. 그때 그 무게중심은 뉴턴의 세 번째 법칙에 따라 거의 등속직선운동을 한다는 것을 알 수 있다.

이는 실험적 진리이지만 실험에 의해 파기될 수는 없다. 더욱 정밀한 실험을 통해 우리는 무엇을 배울 수 있을까? 그 법칙은 거의 참이라는 것뿐인데, 이는 우리가 이미 알고 있는 것이다.

이제 경험이 어떻게 역학 원리들의 기반이 될 수 있었는지, 그리고 경험은 그 원리들과 결코 모순되지 않으리라는 것을 이해할 수 있다.

의인화된 역학

키르히호프는 수학자들의 일반적인 추세에 맞추어 유명론에 따랐을 뿐이라고들 한다. 그의 물리학자로서의 기량도 이로부터 그를 지켜 내지 못했다. 그는 힘의 정의를 꼭 손에 넣고 싶어 했고 이를 위해 아무 명제나 받아들였던 것이다. 그러나 우리에게는 힘의 정의가 필요하지 않다. 힘의 관념이란, 원시적이고 환원 불가능하며 정의할 수 없는 개념이다. 우리는 모두 힘이 무엇인지 알고 있다. 그에 대한 직접적 직관을 가지고 있기 때문이다. 이 직접적 직관은 노력의 개념으로부터 생긴 것이며, 우리는 어린 시절부터 이에 익숙해져 있다.

하지만 먼저, 이 직접적 직관이 힘 자체의 참된 본성을 알게 해 준다고 해도 역학의 기초를 놓기에는 불충분하다. 아니, 전혀 도움이 안 된다. 중요한 것은 힘이 무엇인지 아는 것이 아니라 힘의 측정 방법을 아는 것이기 때문이다.

역학 연구자에게는 힘의 측정법을 가르쳐 주지 않는 어떤 것도 필요 없다는 것은, 예컨대 열을 연구하는 물리학자에게 뜨거움과 차가움의 주관적 개념이 그런 것과 마찬가지다. 이 주관적 개념은 수치화될 수 없으므로 아무 소용이 없는 것이다. 피부의 열 전도성이 완전히 불량하여 차갑다거나 뜨겁다는 감각을 전혀 느껴 본 적이 없는 학자가 있다고 해도 그는 다른 이들과 마찬가지로 온도계를 볼 것이며, 이는 열의 이론 전체를 구축하는 데 충분할 것이다.

그런데 노력의 직접적 개념은 힘을 측정하는 데 쓸모가 없다. 예를 들어 내가 50킬로그램의 물건을 들어올린다면, 무거운 짐을 옮기는 데 익숙한 사람보다 더 큰 피로를 느낄 것이 분명하다. 뿐만 아니라 이 노력의 개념은 힘의 참된 본성을 가르쳐 주지 않는다. 그것은 결국 근육감각의 기억으로 귀착되는데, 태양도 지구를 끌어당길 때 근육감각을 느낀다고 주장하는 이는 없을 것이다.

이 감각에서 찾아낼 수 있는 것은 단 하나의 상징인데, 이는 기하학자들이 이용하는 화살표[벡터]보다 더 정밀하지도 편리하지도 않지만, 현실과 거리가 멀다는 점에서는 마찬가지다.

의인주의는 역학의 기원에서 중대한 역사적 역할을 했다. 그것은 어떤 이들에게는 편리하게 느껴질 상징을 제공할 수 있지만, 참으로 과학적이거나 철학적인 성격을 띤 그 무엇의 토대가 될 수는 없다.

"실 학파école du fil"

앙드라드는 그의 저서 『물리역학 강의』에서 의인화된 역학을 정비했다. 그는 키르히호프가 속해 있는 역학의 학파에 대립하여 "실 학파"라는 아주 진기한 이름을 붙인 학파를 세웠다.

이 학파는 모든 것을 "질량을 무시할 수 있는 물질로 이루어져 있고 긴장 상태에 있으며 멀리 떨어진 물체에 상당한 효과를 전달할 수 있다고 생각되는 어떤 계, 즉 그 이상적인 유형이 실이라는 계에 대한 고찰"로 환원시키려고 한다.

어떤 힘을 전달하는 실은 그 힘의 작용으로 약간 늘어난다. 실의 방향은 힘의 방향을 가르쳐 주며, 힘의 크기는 실이 늘어난 정도에 따라 측정된다.

그러면 다음과 같은 실험을 구상할 수 있다. 물체 A가 실에 연결되어 있다. 실의 다른 쪽 끝에는 어떤 힘을 작용시키는데, 실의 길이가 α가 될 때까지 그 힘을 변화시키고 물체 A의 가속도를 기록한다. A를 분리하고 동일한 실에 물체 B를 연결한 후에 그 힘 혹은 다른 힘을 그 실의 길이가 다시 α가 될 때까지 변화시키고 물체 B의 가속도를 기록한다. 이번에는 실의 길이가 β가 될 때까지 물체 A와 물체 B에 대해 실험을 반복한다. 이때 관측된 4개의 가속도는 비례할 것이다. 이처럼 우리는 앞서 언급한 가속도의 법칙을 실험적으로 검증할 수 있다.

또한 어떤 물체에 늘어나는 정도가 같은 여러 개의 동일한 실을 동시에 작용시키고, 그 물체가 평형을 이루기 위해서는 모든 실의 방위가 어떠해야 하는지 실험을 통해 구한다. 이처럼 힘의 합성규칙을 실험적으로 검증할 수 있다.

하지만 결국 우리는 무엇을 한 것인가? 실에 작용하는 힘을 그 실이 받는 변형에 따라 정의했고, 이는 충분히 합리적이다. 그리고 어떤 물체가 그 실에 연결되어 있다면, 그 실을 통해 전달되는 힘은 이 물체가 실에 가한 작용과 같다는 것을 인정했다. 결국 우리는 작용과 반작용이 같다는 원리를 실험적 진리가 아닌 힘의 정의 자체로 간주하여 이용한 것이다.

이 정의는 키르히호프의 정의와 마찬가지로 규약적이지만 훨씬 덜 일반적이다.

모든 힘이 실을 통해 전달되는 것은 아니다(게다가 힘들을 비교할 수 있으려면 모든 힘이 동일한 실을 통해 전달되어야 한다). 예를 들어 지구가 보이지 않는 어떤 실로 태양에 연결되어 있다고 해도 적어도 우리에게 실이 늘어난 길이를 측정할 어떠한 방법도 없다는 데 동의할 것이다.

따라서 우리의 정의는 십중팔구 잘못되어 있다고 할 수 있다. 그것에 어떠한 의미도 부여할 수 없고, 카르히호프의 정의로 되돌아와야 할 것이다.

그렇다면 왜 이런 우회로를 택한 것일까? 당신은 어떤 특수한 경우에만 의미를 가지는 힘의 정의를 인정하고, 그러한 경우에는 가속도의 법칙으로 이어진다는 것을 실험을 통해 검증한다. 그리고 이 실험에 기반하여 다른 모든 경우에도 가속도의 법칙을 힘의 정의로 채택한다.

모든 경우에 가속도의 법칙을 정의로 간주하고, 문제의 실험을 이 법칙의 검증이 아니라 반작용의 원리의 검증, 혹은 탄성체의 변형이 그 물체가 받는 힘에만 의존함을 증명하는 것이라 여기는 편이 더 간편하지 않을까?

당신의 정의가 받아들여질 수 있는 조건은 오로지 불완전하게만 충족될 것이라는 점, 질량 없는 실은 결코 존재하지 않으며, 이는 그 끝에 연결된 물체의 반작용 이외의 다른 모든 힘으로부터 결코 벗어날 수 없다는 점은 논외로 한다.

그래도 앙드라드의 생각은 여전히 흥미로운데, 그의 생각이 우리의 논리적 요구를 충족시키지 않더라도 역학의 기초개념의 역사적 발생을 더 잘 알게 해 주기 때문이다. 그 생각이 우리에게 제시하는 성찰을 통해, 어떻게 인간 정신이 소박한 의인주의를 넘어 오늘날의 과학적 개념에 이르렀는지를 알 수 있다.

우리는 출발점에서 매우 특수하고 결국은 조잡한 실험이, 도착점에서는 완전히 보편적이고 정밀하며 절대적 확실성을 가진다고 여겨지는 법칙을 보는 것이다. 그 법칙을 규약으로 간주하여 자유롭게 확실성을 부여한 것은 바로 우리다.

그렇다면 가속도의 법칙과 힘의 합성규칙은 자의적인 규약에 불과한 것일까? 규약은 맞지만 자의적인 것은 아니다. 만일 과학의 창시자들이 이런 법칙들을 채택하도록 이끈 실험이 없었다면 자의적이었을 것이다. 그 실험이 아무리 불완전해도 이 법칙들을 정당화하는 데는 충분하기

때문이다. 때때로 이러한 규약의 실험적 기원에 주의를 기울이면 좋을
것이다.

상대적 운동과 절대적 운동

상대적 운동의 원리

가끔씩 가속도의 법칙을 더 일반적인 원리에 편입하려는 시도가 있었다. 임의의 계의 운동은 고정된 축에 표현되든 등속직선운동으로 움직이는 축에 표현되든 간에 동일한 법칙에 따라야 한다. 이것이 상대적 운동의 원리이며, 두 가지 이유에서 우리에게 받아들일 것을 강제한다. 첫째, 가장 평범한 경험으로도 그것을 확증할 수 있고, 둘째, 그 반대의 가설이 유난히 지성의 반발을 사기 때문이다.

그러므로 이를 받아들이고 어떤 힘을 받는 물체를 생각하자. 이 물체의 초기속도와 동일한 속도로 등속운동을 하는 관찰자에게 이 물체의 상대적 운동은 정지 상태에서 출발했을 경우의 절대적 운동과 같아야 한다. 우리는 그 물체의 가속도는 절대적 속도에 의존하지 않을 것이라고 결론짓고, 심지어는 그로부터 가속도의 법칙에 대한 증명을 끌어내려고까지 했다.

이러한 증명의 흔적은 이과 계열 바칼로레아에 오랫동안 남아 있었다. 이러한 시도가 무의미하다는 것은 분명하다. 가속도의 법칙을 증명하지 못하게 하는 난관은 바로 우리가 힘의 정의를 갖고 있지 않다는 것이다. 하지만 내세운 원리가 우리에게 부족한 정의를 제공해 주지 않았기 때문에 이 난관은 그대로 남아 있다.

그런데도 상대적 운동의 원리는 매우 흥미롭고 그 자체로 연구할 만한 가치가 있으므로 먼저 그것을 정확하게 서술해 보자.

앞서 말했듯이, 상대적 운동을 나타내는 움직이는 축이 등속직선운동으로 끌려가는 한, 고립된 계의 일부를 이루는 서로 다른 물체들의 가속도는 그 속도와 상대적 위치에만 의존하고, 그 속도와 절대적 위치에는 의존하지 않는다. 또는 그것들의 가속도는 속도의 차와 좌표의 차에만 의존하고, 속도와 좌표의 절대적인 값에는 의존하지 않는다고도 할 수 있다.

만일 이 원리가 상대적 가속도에 대해 참이라면, 혹은 차라리 가속도의 차에 대해 참이라면, 이를 반작용의 법칙과 조합하여 절대적 가속도에 대해서도 참이라는 것을 연역해 낼 수 있다.

따라서 이제 가속도의 차가 속도와 좌표의 차에만 의존한다는 것, 혹은 수학적 언어로 말한다면 좌표의 차가 이계미분방정식을 만족한다는 것을 어떻게 증명할 수 있는지 알아보아야 한다.

이 증명은 실험에서 연역될 수 있을까, 아니면 선험적 고찰에서 연역될 수 있을까?

앞서 논의한 것을 상기하면, 독자 여러분도 자기 나름의 답을 낼 수 있을 것이다.

이렇게 보면, 실제 상대적 운동의 원리는 앞서 내가 일반화된 관성의 원리라 불렀던 것과 기묘하게 유사하다. 하지만 똑같지는 않은데, 이는 좌표 자체가 아니라 좌표의 차를 문제로 하기 때문이다. 이 새로운 원리는 이전의 원리보다 많은 것을 가르쳐 주지만, 똑같은 논의가 적용되어 똑같은 결론에 이를 것이므로 재론할 필요는 없다.

뉴턴의 논법

여기서 우리는 매우 중요하고 다소 혼란스럽기까지 한 문제에 맞닥뜨리게 된다. 나는 상대적 운동의 원리는 우리에게 단지 경험의 결과에 불과할 뿐만 아니라, 선험적으로 이와 반대되는 모든 가설은 지성의 반발을 살 것이라고 말했다.

하지만 그렇다면 왜 이 원리는 움직이는 축이 등속직선운동을 할 때만 참일까? 그 운동이 변하거나 적어도 등속회전에 국한되어도, 마찬가지로 우리에게 받아들일 것을 강제해야 할 것처럼 생각된다. 그런데 이 두 경우에 그 원리는 참이 아니다.

나는 축이 등속운동이 아닌 직선운동을 할 경우에 관해서는 길게 논의하지 않을 것이다. 이 역설은 한 순간의 시험에도 견뎌 내지 못하기 때문이다. 내가 객차 안에 있을 때 만일 그 열차가 어떤 장애물에 부딪혀 갑자기 멈추었다면, 나는 어떤 힘을 직접 받지 않았는데도 맞은편 좌석으로 내던져질 것이다. 여기에 이상한 점은 아무것도 없다. 나는 외부로부터 어떤 힘의 작용을 받지 않았지만 열차는 외부의 충격을 받았기 때문이다. 두 물체의 상대적 운동이 방해를 받을 때, 한쪽이나 다른 쪽의 운동이 외부의 원인에 의해 변경되는 한 역설적인 것은 있을 수 없다.

일정하게 회전하는 축에 적용된 상대적 운동의 경우에 관해서는 더 오래 숙고해야 한다. 만일 하늘이 계속 구름으로 덮여 있고 별을 관찰할 수단이 전혀 없어도 우리는 지구가 회전한다고 결론 내릴 수 있다. 지구의 편평도나 푸코의 진자 실험을 통해 알게 되었기 때문이다.

그런데 이 경우 지구가 회전한다는 것이 의미가 있을까? 만일 절대공간이 존재하지 않는다면 회전이 어떤 것에 대하지 않고서도 가능할까? 또한 어떻게 뉴턴의 결론을 인정하고 절대공간을 믿을 수 있을까?

하지만 가능한 모든 해답이 똑같이 우리의 반발을 산다는 것을 확인하는 것만으로는 충분하지 않다. 원인을 잘 알고 합당하게 선택하기 위해서는 각각의 해답에 대해 반감의 이유를 분석해야 한다. 그러므로 뒤따라 올 논의가 길어져도 허용될 것이라 믿는다.

우리의 상상 속 이야기를 다시 해 보자. 사람들은 짙은 구름 속에 숨은 별을 관찰할 수 없고, 그 존재조차 모른다. 이들은 지구가 회전한다는 것을 어떻게 알 수 있을까? 물론 그들은 우리의 선조들 이상으로 자신을 받치고 있는 땅을 고정되고 흔들리지 않는 것으로 여기고, 훨씬 더 오랫동안 코페르니쿠스의 출현을 기다려야 한다. 하지만 마침내 코페르니쿠스는 나타날 것이다. 어떻게 등장하게 될까?

이 세계의 역학 연구자들은 처음부터 절대적인 모순에 맞닥뜨리지는 않을 것이다. 상대적 운동의 이론에서는 실재적인 힘들 외에 통상적인 원심력과 합성원심력[코리올리힘]이라 불리는 두 가상의 힘을 고려하기 때문에, 우리의 상상 속 과학자들은 이 두 힘을 실재한다고 간주함으로써 모든 것을 설명할 수 있고, 이는 일반화된 관성의 원리와도 모순되지 않을 것이다. 왜냐하면 이 힘들 중 하나는 실재하는 인력처럼 계의 서로 다른 부분들의 상대적 위치에 의존하고, 다른 하나는 실재하는 마찰력처럼 상대속도에 의존할 것이기 때문이다.

그렇지만 오래지 않아 많은 어려움이 그들의 주의를 일깨울 것이다. 만일 고립된 계를 구현하는 데 성공했다면, 그 계의 무게중심은 거의 직선 궤도를 그리지는 않을 것이다. 그들은 이 사실을 설명하기 위해 두 원심력을 내세워 그것들이 실재한다고 여기고 물체 상호 간의 작용으로 돌렸을 것이다. 다만 이 힘들이 원거리에서도, 즉 고립이 잘 구현될수록 사라지지 않을 것으로 판단했겠지만 어림도 없다. 원심력은 멀어질수록 한없이 커지는 것이다.

그들에게 이러한 어려움은 상당히 크게 느껴지겠지만, 그렇다고 오랫동안 붙들려 있지는 않았을 것이다. 곧 그들은 우리의 에테르와 비슷한, 모든 물체를 에워싸고 반발작용을 가하는 아주 미세한 매질을 생각해 냈을 것이다.

하지만 이뿐만이 아니다. 공간은 대칭을 이루지만, 운동의 법칙들은 대칭성을 나타내지 않을 것이다. 이 법칙들은 좌우를 구별할 수 있어야 한다. 예컨대 대칭성 때문이라면 사이클론은 어느 쪽으로든 구별 없이 돌아야 하지만, 이 기상현상은 항상 같은 방향으로만 돈다는 것을 알게 될 것이다. 설령 이 과학자들이 끈질기게 노력하여 우주가 완벽하게 대칭을 이루도록 만들었다고 해도 대칭성이 어느 한쪽 방향으로만 더욱 방해받는 뚜렷한 이유가 없는데도 이 대칭성은 존속하지 않을 것이다.

틀림없이 그들은 어려움으로부터 빠져나올 것이다. 프톨레마이오스의 유리구보다 더 기이하지는 않은 어떤 것을 고안하여 상황을 더 복잡하게 만들어 가겠지만, 결국 기다려 온 코페르니쿠스가 그것들 전부를 일거에 해소하고, 지구가 회전한다고 인정하면 훨씬 간단해진다고 이야기할 것이다.

우리의 코페르니쿠스는 다음과 같이 말했다. "지구가 회전한다고 가정하면 더 편리해진다. 그래야 천문학의 법칙들이 더 간단한 언어로 표현되기 때문이다." 이처럼 그들의 코페르니쿠스도 다음과 같이 말할 것이다. "지구가 회전한다고 가정하면 더 편리해진다. 그래야 역학의 법칙들이 더 간단한 언어로 표현되기 때문이다."

그렇다고 해서 절대공간, 즉 지구가 정말로 회전하는지 알기 위해 적용해야 할 지표가 어떠한 객관적인 존재를 갖는다고 할 수는 없으며, "지구는 회전한다"라는 단정은 아무런 의미도 없다. 어떤 경험으로도 그것을 검증할 수 없기 때문이다. 또한 그런 경험은 실현할 수 없고, 아무리 대담한 쥘 베른Jules Verne이라도 공상조차 할 수 없을 뿐더러, 모순 없이는 생각할 수 없기 때문이다. 혹은 차라리 두 명제 "지구는 회전한다"와 "지구가 회전한다고 가정하는 편이 더 편리하다"는 하나의 동일한 의미를 가지며, 어느 한쪽이 다른 쪽보다 더 큰 의미를 가진다고 할 수 없다.

아마도 사람들은 그 정도로는 여전히 만족하지 않고, 이 주제에 관해 만들 수 있는 모든 가설, 더 정확히는 규약들 중에서 다른 것들보다 더 편리한 것이 하나 존재하는 것을 불쾌하게 여길 것이다.

하지만 천문학의 법칙에 관련하여 그것을 기꺼이 인정했다면, 역학에 관해서는 왜 불쾌감을 느끼는 것일까?

우리는 물체의 좌표가 이계미분방정식에 의해 결정된다는 것, 그리고 좌표의 차도 이와 마찬가지라는 것을 보았는데, 이는 바로 우리가 일반화된 관성의 원리와 상대적 운동의 원리라고 했던 것이다. 만일 물체들 사이의 거리 역시 이계방정식으로 결정되는 것이라면, 지성도 완전히 만족해야 할 것이라 생각된다. 지성은 얼마나 이 만족감을 받아들일까? 그리고 왜 만족해하지 않을까?

이를 이해하려면 간단한 예를 드는 것이 낫다. 우리의 태양계와 유사한 어떤 계가 있다고 가정하자. 하지만 거기서는 그 계 외부의 항성을 볼 수 없기 때문에, 천문학자들은 행성들과 태양 상호 간의 거리만 관측할 수 있을 뿐, 행성들의 절대경도는 관측 불가능하다고 하자. 만일 우리가 뉴턴의 법칙으로부터 직접 이 거리들의 변동을 결정하는 미분방정식을 이끌어 낸다면, 이 방정식은 이계가 아닐 것이다. 다음과 같은 의미다. 설령 뉴턴의 법칙 이외에 이 거리들의 초깃값과 시간에 대한 도함수를 알고 있어도 차후 어떤 순간에서의 그 동일한 거리들의 값을 결정하는 데는 충분하지 않다. 여전히 하나의 소여가 결여되어 있는데, 이 소여는 예컨대 천문학자들이 말하는 면적속도 일정이 될 수 있다.

그러나 여기서 서로 다른 두 가지 입장을 취할 수 있다. 즉, 우리는 두 종류의 상수를 구별할 수 있다. 물리학자의 눈을 통해 보면, 세계는 일련의 현상으로 환원되며, 이 현상들은 한편으로는 초기현상에, 다른 한편으로는 전건前件과 후건後件을 잇는 법칙에 의존할 뿐이다. 관측을 통해 어떤 양이 상수라는 것을 알면, 우리는 두 가지 관점 가운데 하나를 선택하게 된다.

먼저 그 하나는, 이 양은 변할 수 없음을 요구하는 어떤 법칙이 있지만, 시초에 다른 값이 아닌 어떤 특정한 값을 우연히 갖게 되어 그 이래로 유지되어 왔다고 인정하는 것이다. 그때 이 양은 **우연적** 상수라 할 수 있다.

다른 하나는, 이와 반대로 자연의 법칙이 존재하여 그 양에 다른 값이 아닌 어떤 특정한 값을 강제한다고 인정하는 것이다. 이때 우리는 **본질적** 상수라 할 수 있는 것을 얻게 된다.

예를 들어 뉴턴의 법칙에 따르면 지구의 공전주기는 일정해야 하지만, 그것이 300이나 400항성일이 아니라 366항성일을 조금 넘는 것은 무엇인지 알 수 없는 초기의 우연 때문이다. 이는 우연적 상수다. 반대로 인력의 식에 나타나는 거리의 지수가 −3이 아니라 −2인 것은 우연에 따른 것이 아니라 뉴턴의 법칙이 그것을 요구하기 때문이다. 이는 본질적 상수다.

우연성에 그 역할을 부여하는 이러한 방식이 과연 그 자체로 정당한 것인지, 그리고 이러한 구별에 어떤 작위적인 부분은 없는지 나는 알지 못한다. 하지만 적어도 자연이 비밀을 간직하는 한, 그 적용이 극히 자의적이고 항상 불확실할 것이라는 점은 분명하다.

우리는 면적속도 일정의 법칙에 관해 우연적이라고 간주하는 경향이 있는데, 우리의 상상 속 천문학자들도 마찬가지일 것이라고 확신할 수 있을까? 그들이 만일 서로 다른 두 태양계를 비교할 수 있다면, 이 상수는 서로 다른 여러 값을 가질 수 있다고 생각하게 될 것이다. 그러나 처음에 내가 가정한 것은, 바로 그들의 계는 고립된 것처럼 보이며, 그 계 외부의 별은 전혀 관찰할 수 없다는 것이었다. 이러한 조건에서 그들은 절대 불변의 유일한 값을 가진 단 하나의 상수만 얻을 수 있었을 것이고, 틀림없이 그것을 본질적 상수라 여겼을 것이다.

반론을 미연에 방지하고자 지나가는 말을 남겨 둔다. 이 상상적 세계의 거주자들은 면적속도 일정의 법칙에 대해 우리가 하는 것처럼 관측하거나 정의하지 못할 것이다. 그들은 절대경도를 발견할 수 없기 때문이다. 하지만 그렇다고 해서 그들의 방정식에 자연스럽게 도입되어 있을 어느 특정한 상수를 주목하는 데 지장을 받지는 않을 것이다. 그리고 그 상수는 다름 아닌 면적속도 일정의 법칙을 나타낼 것이다.

하지만 다음과 같은 일이 일어날 것이다. 만일 면적속도 일정이 본질적이고 자연의 법칙에 의존한다고 여겨진다면, 임의의 순간에서의 행성들 간 거리를 계산하는 데는 이 거리들의 초깃값과 그 일계도함수의 초깃값을 아는 것으로 충분하다. 이러한 새로운 관점에서 이 거리들은 이 계미분방정식으로 결정된다.

그러면 이 천문학자들의 지성은 충분히 만족할까? 나는 그렇게 생각하지 않는다. 먼저, 그들은 자신들의 방정식을 미분해서 계수를 높이면 그 방정식이 훨씬 간단해진다는 것을 오래지 않아 깨달을 것이다. 그리고 특히 대칭성에서 유래하는 어려움에 사로잡힐 것이다. 행성 전체가 어떤 다면체의 형태를 띠는지 아니면 대칭적 다면체의 형태를 띠는지에 따라 서로 다른 법칙을 받아들여야 한다. 그리고 면적속도 일정을 우연적이라고 여겨야만 이러한 귀결에서 벗어날 수 있다.

나는 매우 특수한 예를 든 것인데, 지상의 역학에 전혀 관심이 없고 시야가 태양계에 국한된 천문학자를 가정했기 때문이다. 그러나 우리의 결론은 모든 경우에 적용된다. 우리의 우주는 항성이 있기 때문에 그들의 우주보다 더 넓기는 하지만 이 역시 한정되어 있으므로, 마치 그 천문학자들이 그들의 태양계에 대해 추론하듯이 우리 또한 우리의 우주 전체에 관해 추론할 수 있다.

따라서 결국 거리를 결정하는 방정식의 계수는 이계보다 크다는 결론을 내리게 된다. 그런데 왜 우리는 이에 대해 반감을 가질까? 왜 우리는 연속적인 현상들이 거리의 이계도함수의 초깃값에 의존한다는 것은 인정하기를 주저하는 반면, 일계도함수의 초깃값에 의존한다는 것은 아주 자연스럽게 받아들일까? 이는 단지 일반화된 관성의 원리와 그 귀결을 지속적으로 연구하면서 우리들 내에 자리 잡은 정신의 습관 때문이라고 할 수밖에 없다.

임의의 순간에 거리의 값은 거리의 초깃값, 그 일계도함수의 초깃값과 또 다른 것에 의존하는데, 이 **다른 것**이란 무엇일까?

그것이 그저 이계도함수의 하나이기를 바라지 않는다면, 가설의 선택밖에 없다. 보통 행해지듯이, 이 '다른 것'을 공간 내 우주의 절대적 방위, 혹은 이 방위가 변하는 **빠르기**라고 가정하는 것은 아마도, 아니 틀림없이 기하학자로서는 가장 편리한 해가 될 것이다. 하지만 철학자로서는 가장 만족스러운 해는 아니다. 왜냐하면 이 방위는 존재하지 않기 때문이다.

이 '다른 것'은 어떤 보이지 않는 물체의 위치나 속도라고 가정할 수 있다. 우리는 그 물체에 대해 아무것도 알지 못할 운명에 놓여 있는데도, 어떤 이들은 이미 알파 물체라는 이름까지 지어 놓고 가정했다. 그것은 내가 관성의 원리에 관한 고찰에 할당된 단락의 끝부분에서 언급한 것과 거의 똑같은 수법이다.

그러나 결국 그 어려움이란 작위적인 것이다. 도구의 미래에 대한 암시가, 오로지 도구가 우리에게 부여했거나 부여할 수 있었던 암시에 의존할 수만 있다면 더 필요한 것은 없다. 그리고 이에 관해서는 안심해도 좋다.

에너지와 열역학

에너지론의 체계

고전역학에서 생긴 어려움은 어떤 지성들에게는 에너지론이라는 새로운 체계를 선호하도록 이끌었다.

에너지론의 체계는 에너지 보존 원리를 발견한 결과 시작되었고, 이에 결정적인 형태를 부여한 것은 바로 헬름홀츠다.

이 이론에서 중요한 역할을 하는 두 양을 정의하면서 시작하자. 하나는 운동에너지 혹은 활력, 다른 하나는 위치에너지다.

자연의 물체가 받을 수 있는 모든 변화는 2개의 실험적 법칙에 지배된다.

1. 운동에너지와 위치에너지의 합은 일정하다. 바로 에너지 보존의 원리다.

2. 만일 물체의 계가 시각이 t_0일 때 위치 A에 있고 시각이 t_1일 때 위치 B에 있다면, 그 물체는 첫 번째 위치에서 두 번째 위치로 이동할 때, 두 시각 t_0와 t_1 사이에 두 종류의 에너지 차를 **평균한** 값이 가능한 한 최소가 되는 경로를 택한다.

바로 최소작용의 원리의 한 형태인 해밀턴의 원리다.

에너지론은 고전적 이론에 비해 다음과 같은 이점을 제시한다.

1. 덜 불완전하다. 즉, 에너지 보존의 원리와 해밀턴의 원리는 고전적 이론의 기초원리보다 더 많은 것을 가르쳐 주고, 고전적 이론과는 양립할 수 있지만 자연계에서는 실현되지 않는 어떤 운동들을 배제한다.

2. 고전적 이론에서는 거의 피할 수 없었던 원자의 가설이 필요하지 않다.

하지만 이 이론은 새로운 어려움을 초래한다.

두 종류의 에너지의 정의가 고전역학 체계에서의 힘과 질량의 정의에 비해 더 용이하다고 할 수는 없지만, 적어도 가장 간단한 경우에는 이를 더 용이하게 이끌어 낼 수 있다.

여러 개의 질점質點으로 이루어진 어떤 고립된 계를 가정하고, 이 점들은 상대적 위치와 상호 간 거리에만 의존하며 그 속도에는 의존하지 않는 힘의 작용을 받는다고 가정하자. 에너지 보존의 원리에 의해 힘의 함수가 존재할 것이다.

이 간단한 경우에 에너지 보존의 원리를 서술하는 것은 매우 간단한 일이다. 실험으로 결정할 수 있는 어떤 양은 상수여야 하며, 이 양은 두 항의 합이다. 첫째 항은 오로지 질점의 위치에만 의존하고 그 속도에는 독립적이다. 둘째 항은 이 속도의 제곱에 비례한다. 이러한 분해는 단 한 가지 방식으로만 이루어질 수 있다.

이 항들 중 첫 번째는 위치에너지이며 U라 불리고, 두 번째는 운동에너지이며 T라 불릴 것이다.

만일 T+U가 상수라면, 아래와 같은 T+U의 임의의 함수 역시 상수다.

$$\varphi(T+U)$$

그러나 함수 $\varphi(T+U)$는 속도에 독립적인 항과 속도의 제곱에 비례하는 항과의 합이 되지는 않을 것이다. 상수함수들 가운데 이러한 성질을 갖는 것은 오로지 T+U뿐이다(또는 T+U의 선형함수가 그러한데, 이 선형함수는 단위와 원점이 바뀌면 언제든 T+U로 환원되므로 상관없다). 바로 이것이 우리가 에너지라고 하는 것으로, 첫째 항이 위치에너지, 둘째 항이 운동에너지다. 따라서 두 종류의 에너지의 정의는 어떠한 애매함 없이 끝까지 추진될 수 있다.

질량의 정의에 대해서도 마찬가지다. 운동에너지 혹은 활력은 모든 질점의 질량과 그중 한 질점에 관한 상대속도의 도움으로 매우 간단하게 표현된다. 이 상대속도는 관측이 가능하며, 우리가 운동에너지를 이 상대속도의 함수로 표현할 때, 그 식의 계수는 질량을 제시할 것이다.

이처럼 간단한 경우에는 아무런 어려움 없이 기초개념을 정의할 수 있다. 하지만 더 복잡한 경우, 예컨대 힘이 거리뿐만 아니라 속도에도 의존하는 경우에는 다시 어려움이 생긴다. 베버Wilhelm Weber는 전기를 띤 두 입자의 상호작용은 그 거리뿐만 아니라 속도와 가속도에도 의존한다고 가정한다. 만일 질점이 이와 유사한 법칙에 따라 서로 끌어당긴다면, U는 속도에 의존하고, 속도의 제곱에 비례하는 항을 포함할 것이다.

속도의 제곱에 비례하는 항들 가운데 T 또는 U에서 유래하는 항은 어떻게 식별할 수 있을까? 즉, 어떻게 에너지의 두 부분을 구별할 수 있을까?

더구나 에너지 자체를 어떻게 정의할 수 있을까? T+U를 특징짓는 속성, 즉 특수한 형태를 가진 두 항의 합이라는 속성이 사라졌을 때, T+U의 다른 어떤 함수가 아닌 바로 T+U를 정의로 택할 이유는 더 이상 없다.

그러나 이에 그치지 않고, 본래적 의미에서의 역학적 에너지뿐만 아니라 에너지의 다른 형태, 즉 열, 화학에너지, 전기에너지 등도 고려해야 하며, 에너지 보존의 원리는 다음과 같이 표현되어야 한다.

$$T+U+Q=일정$$

이때 T는 감각 가능한 운동에너지를, U는 물체의 위치에만 의존하는 위치에너지를, Q는 열, 화학적 또는 전기적 형태로서의 입자의 내부 에너지를 나타낸다.

만일 이 세 항이 서로 절대적으로 구분된다면, 즉 T는 속도의 제곱에 비례하고, U는 이 속도와 물체의 상태에 독립적이며, Q는 물체의 속도와 위치에는 독립적이고 그 내부 상태에만 의존적이라면 아무 문제도 없을 것이다.

에너지의 식은 오로지 이런 형태의 세 항으로 분해될 수 있을 것이다.

하지만 그렇지 않다. 전기를 띤 물체들을 검토해 보면, 상호작용에 따른 정전기에너지는 분명 그것들의 전하, 다시 말해 상태에 의존할 뿐 아니라 위치에도 의존할 것이다. 만일 이 물체들이 운동하고 있다면, 서로에게 전기역학적으로 작용하고, 전기역학적 에너지는 물체들의 상태와 위치뿐만 아니라 그 속도에도 의존할 것이다.

따라서 T와 U와 Q의 일부를 이루어야 할 항들을 선별할 방법, 에너지의 세 부분을 구별할 방법은 더 이상 없다.

만일 $T + U + Q$가 상수라면, 아래와 같은 임의의 함수도 마찬가지로 상수다.

$$\varphi(T + U + Q)$$

만일 $T + U + Q$가 앞서 고찰한 특수한 형태를 띠고 있다면, 어떠한 애매함도 생겨나지 않을 것이다. 상수함수 $\varphi(T + U + Q)$ 가운데 이러한 특수한 형태를 띠는 것은 단 하나뿐이고, 바로 이것이 내가 에너지로 '규약'하려는 것이다.

하지만 이미 말했듯이 엄밀히는 그렇지 않다. 상수함수들 가운데 엄밀하게 이러한 특수한 형태를 띨 수 있는 것은 존재하지 않는다. 그렇다면 이들 가운데 에너지로 불러야 할 것은 어떻게 선택할 수 있을까? 우리의 선택을 안내해 줄 수 있는 것은 더 이상 없다.

에너지 보존의 원리에 관해 우리에게 남은 것은 하나의 명제뿐이다.

즉, 항상 일정한 어떤 것이 존재한다. 이런 형태로는 결국 경험의 범위를 넘어서고, 일종의 동어반복으로 귀착하게 된다. 만일 세계가 법칙의 지배를 받는다면, 항상 일정한 양은 분명히 존재한다. 뉴턴의 원리처럼, 그리고 이와 비슷한 이유로 에너지 보존의 원리는 경험에 기초해 있지만, 더 이상 경험에 의해 파기될 수는 없다.

이러한 논의는 고전적 체계에서 에너지론의 체계로 이행함으로써 한 단계 진보를 이루었지만, 동시에 이 진보는 불충분하다는 것을 보여준다.

더욱 중요하게 생각되는 또 하나의 반론이 있다. 최소작용의 원리는 가역적 현상에는 적용될 수 있지만, 비가역적 현상에는 결코 적용될 수 없다. 헬름홀츠가 최소작용의 원리를 비가역적 현상에까지 확장하려고 시도했지만 성공하지 못했고 성공할 수도 없었다. 이에 관해서는 아무것도 이루어져 있지 않은 것이다.

최소작용의 원리라는 명제 그 자체가 우리의 지성을 불쾌하게 하는 것을 가지고 있다. 한 점에서 다른 점에 이르는 데 어떤 힘의 작용도 받지 않고 표면 위에서만 움직이도록 제한될 경우 물질 입자는 측지선, 즉 최단경로를 택한다.

이 입자는 마치 우리가 자신을 어느 점으로 보내고 싶어 하는지를 알고, 여러 경로를 따라 그 점에 도달하는 데 걸리는 시간을 예측한 후 가장 적당한 경로를 선택하는 것처럼 보인다. 이 명제는 입자를, 이를테면 자유롭게 살아 움직이는 존재로서 제시한다. 분명 이 명제를 보다 덜 불쾌한 명제로, 철학자들이 말하듯 목적인이 작용인을 대신하지 않는 것 같은 명제로 바꾸는 편이 나을 것이다.

열역학[2]

열역학의 두 가지 기본원리의 역할은 자연철학의 모든 분과에서 나날이 중요해지고 있다. 오늘날 우리는 입자가설의 방해를 받은 40년 전의 야심적인 이론을 포기하고, 오로지 열역학 위에 수리물리학 전체를 구축하려 하고 있다. 마이어Julius von Mayer와 클라우지우스Rudolf Clausius의 두 가지 원리는 수리물리학이 한동안 충분히 견딜 만큼 견고한 기초를 보증할 수 있을까? 아무도 그것을 의심하지 않는데, 그 확신은 어디에서 오는 것일까?

어느 탁월한 물리학자는 언젠가 내게 오차의 법칙에 관해 다음과 같이 말했다. "누구나 그것을 확고히 믿고 있습니다. 수학자는 이를 관측적 사실이라 생각하고, 관측자는 수학의 정리라고 생각하기 때문이지요." 에너지 보존의 원리에 대해서도 오랫동안 이와 같은 믿음을 갖고 있었지만 이제는 그렇지 않다. 그것이 실험적 사실이라는 것을 모르는 이는 없다.

그렇다면 그것을 증명하는 데 이용된 실험보다 이 원리 자체가 더 일

---

2 이 절은 나의 저서 『열역학』 *Thermodynamique*의 서문을 부분적으로 발췌한 것이다.

반적이고 정밀하다고 인정할 권리를 우리에게 부여하는 건 누구일까? 이는 우리가 매일 하고 있듯이 경험적 소여를 일반화하는 것이 과연 정당한지를 묻는 것인데, 나는 이를 해결하려 한 많은 철학자의 노력이 수포로 돌아갔음을 알기 때문에 주제넘게 검토하지는 않을 것이다. 다만 이것 하나만은 틀림없다. 만일 이 능력을 우리가 거부했다면, 과학은 존재할 수 없었거나, 기껏해야 일종의 조사목록, 서로 동떨어진 사실들의 확인 작업에 불과했을 것이다. 그것은 질서와 조화에 대한 우리의 요구를 충족시킬 수 없을 뿐만 아니라 예견의 능력도 없으므로 우리에게 아무런 가치도 없을 것이다. 어떤 사실에 앞선 환경이 전부 동시에 재현되는 일은 결코 없기 때문에 이 환경이 최소한으로 변화된 직후에라도 그 사실이 다시 생길지 예견하기 위해서는 우선 첫 번째 일반화가 필요한 것이다.

그러나 모든 명제는 무수한 방식으로 일반화될 수 있고, 우리는 가능한 한 일반화된 모든 것 가운데서 선택해야 하며, 가장 간단한 것을 고를 수밖에 없다. 우리는 다른 조건이 모두 똑같을 경우 복잡한 법칙보다 간단한 법칙이 더 개연성이 있는 것처럼 여기게 된다.

이것은 반세기 전에 공공연하게 표명되고 자연은 단순함을 사랑한다고 선언되었지만, 그 후로 자연은 지나치게 많은 반증을 드러냈다. 오늘날 우리는 이러한 경향을 더 이상 인정하지 않으며, 과학이 불가능해지지 않기 위해 필수적인 것만 남겨 두는 것이다.

서로 일관되지 않은 비교적 적은 횟수의 실험을 바탕으로 일반적이고 간단하며 정확한 법칙을 세우기 위해 우리는 인간의 지성이 피할 수 없는 필연성에 복종할 수밖에 없었다. 하지만 그 밖에도 무언가가 있는데, 내가 계속해서 역설하는 것도 바로 이 때문이다.

케플러의 법칙에서 파생된 뉴턴의 법칙이 섭동을 고려하면 근사적인 것에 불과한 케플러의 법칙보다 오래 남아 있는 것과 마찬가지로, 마이어의 원리 또한 자신을 유도해 낸 모든 개개의 법칙보다 오래 남을 자격이 있다는 것을 의심하는 이는 아무도 없다.

왜 이 원리는 물리학의 모든 법칙 가운데 이처럼 일종의 특권적인 지위를 점하고 있을까? 여기에는 여러 가지 세세한 이유가 있다.

먼저 우리는 그것을 거부할 수도, 심지어는 그 절대적 엄밀성을 의심할 수도 없다고 믿는다. 그렇지 않으면 영구운동의 가능성을 인정하게 되는 것이기 때문이다. 우리는 물론 그러한 가능성을 불신하지만, 이 원리를 부정하기보다는 긍정하는 편이 덜 무모하다고 믿고 있다.

이는 완전히 정확하지는 않을 것이다. 영구운동의 불가능성은 가역적인 현상에 대해서만 에너지 보존의 원리를 가져오기 때문이다.

마이어의 원리의 압도적인 간단함도 우리의 신념을 공고히 하는 데 한몫을 한다. 마리오트Edme Mariotte의 법칙처럼 실험을 통해 직접 도출된 법칙에서는 이러한 간단함이 오히려 불신의 이유처럼 보이겠지만, 이 경우는 그렇지 않다. 첫눈에는 서로 어울리지 않는 요소들이 예기치 못한 질서에 따라 정렬되고 전체가 조화롭게 형성된다는 것을 알 수 있다. 그리고 우리는 뜻밖의 조화를 단지 우연의 결과로 믿으려고 하지 않는다. 많은 노력 끝에 무언가를 얻었을 때 더욱 값져 보이는 것이다. 즉, 자연이 자신의 비밀이 탄로나는 것을 시기하는 정도가 커 보일수록 우리는 자연으로부터 진정한 비밀을 손에 넣었다고 더욱 확신하는 것이다.

하지만 그것은 변변찮은 이유에 불과하며, 마이어의 법칙을 절대적 원리로서 추켜세우려면 더욱 철저한 논의가 필요하다. 만일 이를 시도한다면 이 절대적 원리는 서술하는 것조차 쉽지 않음을 알 수 있을 것이다.

개개의 경우에는 에너지가 무엇인지 알 수 있고 적어도 일시적인 정의를 부여할 수는 있지만, 그에 대한 일반적인 정의는 찾을 수 없다.

만일 그 원리로부터 모든 일반성을 끌어내어 우주에까지 적용시키려 한다면, 그 원리는 사라져 버리고 다음 문장만 남는다. **항상 일정한 어떤 것이 존재한다.**

하지만 이 자체로 의미가 있을까? 결정론적 가설에서 우주의 상태는 n개의 매개변수로 결정되는데, 이때 n은 매우 큰 수다. 이를 x_1, x_2, $\cdots$, x_n이라 하자. 임의의 순간 이 n개의 매개변수의 값이 무엇인지 알면, 시간에 대한 도함수도 알 수 있으므로 그 이전이나 이후의 순간 이 동일한 매개변수의 값이 무엇인지 계산할 수 있다. 다시 말해 이 n개의 매개변수는 n개의 일계미분방정식을 만족한다.

이 방정식들로부터 $n-1$개의 적분이 가능하므로 x_1, x_2, $\cdots$, x_n의 함수 $n-1$개가 존재하고, 이것은 상수다. 이때 **항상 일정한 어떤 것이 존재**한다고 말하는 것은 동어반복에 지나지 않는다. 이 모든 적분 가운데 어떤 것을 에너지라고 하는지를 생각하면 당혹스럽기까지 할 것이다.

게다가 마이어의 원리가 한정된 계에 적용될 때, 이 원리가 이해되는 것은 이런 의미에서가 아니다.

n개의 매개변수 중 p개는 독립적으로 변한다고 인정하면, n개의 매개변수와 그 도함수 사이에 일반적으로 선형인 $n-p$개의 관계식만 갖게 된다.

· 간단히 기술하기 위해 외부의 힘이 한 일의 합을 0이라 하고, 외부로 발산되는 열량의 합도 0이라 가정하자. 이때 이 원리의 의미는 다음과 같을 것이다.

이 $n-p$개의 관계식을 조합하여 좌변이 완전미분인 방정식을 유도할 수 있다. 그러면 $n-p$개의 관계식에 의해 이 미분은 0이 되고 그 적분은 상수가 되는데, 바로 이 적분을 우리는 에너지라 한다.

하지만 어떻게 여러 매개변수가 독립적으로 변할 수 있을까? 이는 (편의상 외부의 힘들이 한 일의 대수적 합을 0이라고 가정했지만) 외부 힘의 영향을 받아야만 일어날 수 있다. 만일 실제로 이 계가 외부의 모든 작용으로부터 완전히 벗어나 있다면, 어떤 주어진 순간에 n개의 매개변수에 부여된 값은 우리가 결정론적 가설을 고수하고 있는 한 그 이후 임의의 순간에 그 계의 상태가 어떠한지 결정하는 데 충분할 것이다. 따라서 우리는 앞서 이야기한 것과 동일한 어려움에 다시 처하게 될 것이다.

그 계의 미래 상태가 현재 상태에 의해 전적으로 결정되지 않는 것은 계의 외부에 있는 물체의 상태에도 의존하기 때문이다. 하지만 그렇다면 계의 상태를 결정하는 매개변수 x 가운데, 외부 물체의 상태에 독립적인 방정식이 존재할까? 그리고 만일 어떤 경우에 그것을 찾아낼 수 있다고 믿는다면, 이는 우리의 무지와 더불어 외부 물체의 영향이 너무 미미하여 경험을 통해 알아낼 수 없기 때문이 아닐까?

만일 계가 완벽하게 고립되었다고 간주되지 않는다면, 그 내부 에너지의 정확한 식은 외부 물체의 상태에 의존해야 한다. 하지만 나는 위에서 외부에 의한 일의 합은 0이라 가정했다. 만일 다소 작위적인 이러한 제한에서 벗어나려면, 그 원리의 서술은 훨씬 까다로워진다.

마이어의 원리에 절대적 의미를 부여하여 공식화하기 위해서는 그것을 우주 전체로 확장해야 하지만, 그때 우리가 피하려 했던 바로 그 어려움에 직면하게 된다.

요컨대, 통상적인 말로 표현하면 에너지 보존의 법칙은 단 하나의 의미만 가지고 있다. 즉, 모든 가능성에 공통적인 하나의 속성이 있다는 것이다. 하지만 결정론적 가설에서는 가능성이 단 하나뿐이므로 이 법칙은 아무런 의미가 없다.

반면 비결정론적 가설에서는 절대적인 의미에서 이해하려 할 때조차 그 법칙은 하나의 의미를 가지고, 마치 자유에 부과된 제한처럼 나타날 것이다.

그러나 [자유라는] 이 말은 내가 길을 헤매어 수학과 물리학의 영역 밖으로 나가려 한다고 주의를 준다. 그래서 나는 멈춰 서서 이 모든 논의로부터 단 하나의 인상만 간직하려 한다. 바로 마이어의 법칙은 우리가 바라는 거의 모든 것을 들어맞게 할 수 있을 만큼 충분히 유연한 형식이라는 것이다. 이 법칙이 객관적 실재에 전혀 대응하지 않는다거나, 단순한 동어반복으로 귀착한다는 뜻이 아니다. 왜냐하면 각각의 특수한 경우에, 그리고 절대에까지 밀어붙이지 않으려는 한 그것은 완벽하게 명료한 의미를 가지기 때문이다.

이러한 유연성은 그 법칙이 오래 지속되리라 믿을 수 있는 하나의 이유가 된다. 다른 한편 이 법칙은 상위의 조화 속으로 녹아들지 않는 이상 사라지지 않을 것이므로, 그 법칙에 기대어 우리의 작업이 헛되지 않을 것이라고 확신하면서 안심하고 작업에 임할 수 있다.

방금 논의한 거의 모든 것은 클라우지우스의 원리에 들어맞는다. 차이가 있다면 부등식으로 표현된다는 것이다. 아마도 사람들은 물리학의 모든 법칙에 대해서도 마찬가지라고 할 것이다. 그 정밀도가 항상 관측의 오차에 따라 제한되기 때문이다. 하지만 그 법칙들은 적어도 일차 근사라는 주장을 표방하며, 사람들은 이것이 점차 더욱더 정확한 법칙으로 대체되기를 바란다. 반면 클라우지우스의 원리가 부등식으로 귀착되는 원인은 관측법의 불완전성이 아니라 문제의 본성 자체에 있는 것이다.

3부의 전반적 결론

역학의 원리들은 우리에게 서로 다른 두 가지 양상으로 나타난다. 경험에 기반을 둔 진리가 그 하나이며, 이는 거의 고립된 계에 관해서는 매우 근사적으로 검증된다. 다른 하나는 우주 전체에 적용 가능한 공준이며, 이는 엄밀하게 참이라 여겨진다.

만일 이 공준이 자신을 이끌어 낸 실험적 진리에는 결여된 일반성과 확실성을 가지고 있다면, 이는 결국 우리에게 만들 권리가 있는 단순한 규약으로 환원되는 것이다. 우리는 어떤 경험도 이와 모순되지 않을 것이라고 예견하기 때문이다.

그렇지만 이 규약이 꼭 자의적인 것은 아니다. 변덕의 산물이 아닌 것이다. 우리가 규약을 채택하는 것은 실험을 통해 그 편이 편리하다는 것을 알게 되었기 때문이다.

이제 어떻게 실험을 통해 역학의 원리를 구축할 수 있었는지, 왜 그것을 뒤집을 수 없는지 납득이 간다.

기하학과 비교해 보자. 기하학의 기초명제, 예컨대 유클리드의 공준 같은 것은 규약에 지나지 않으므로 그것이 참인지 거짓인지를 결정하려는 것은 미터법이 참인지 거짓인지 묻는 것과 마찬가지로 불합리한 것이다.

단지 규약들은 편리할 뿐이고, 우리는 특정 경험을 통해 그것을 알고 있다.

언뜻 보면 이러한 유비는 완벽하고 경험의 역할도 동일하다고 생각되기 때문에 다음과 같은 생각에 이를 것이다. 역학을 실험과학이라 간주해야 하면 기하학도 실험과학이어야 하고, 반대로 기하학이 연역적 과학이라면 역학도 연역적 과학이라 할 수 있다.

이는 부당한 결론이다. 더 편리한 것으로서 기하학의 기초적인 규약을 채택하도록 이끈 경험은 기하학의 연구 대상과 아무런 공통점도 없는 대상, 즉 고체의 성질이나 빛의 직진성을 다룬다. 이것들은 역학의 실험, 광학의 실험이지 어떤 의미에서도 기하학의 실험이라 여길 수는 없다. 기하학이 우리에게 편리하다고 생각되는 주된 이유조차 신체의 부분들, 즉 눈이나 팔다리가 바로 고체의 성질을 띠기 때문이다. 따라서 우리의 기초적인 실험이란 무엇보다 생리학적 실험, 즉 기하학자가 연구해야 할 공간이 아니라 이러한 연구에 사용해야 할 도구로서의 신체를 대상으로 하는 실험인 것이다.

반면 역학의 기초적인 규약과 그것의 편리성을 우리에게 증명해 주는 실험은 서로 동일하거나 유사한 대상을 다룬다. 규약적이고 일반적인 원리는 실험적이고 특수한 원리의 자연스럽고 직접적인 일반화이다.

이처럼 내가 과학들 사이에 작위적인 경계를 긋고 있다고 하지 않기를 바란다. 또한 내가 담장을 쌓아 본래적 의미에서의 기하학과 고체의 연구를 분리했듯이 일반원리의 규약적 역학과 실험적 역학 사이에도 담장을 쌓을 수 있을 것이라고 하지 않기를 바란다. 실제로 내가 이 두 과학을 분리함으로써 둘 다 훼손했다고 생각하지 않는 이가 있을까? 또한 규약적 역학은 고립되면 거의 아무것도 남지 않아 기하학이라는 학설의 웅장한 집단과 조금도 비견될 수 없을 것이라고 생각하지 않는 이가 있을까?

이제 왜 역학 교육이 실험적이어야 하는지 이해될 것이다. 오로지 그런 식으로만 과학의 발생을 이해할 수 있기 때문에 과학 자체에 정통하기 위해서도 불가결한 것이다.

게다가 역학을 연구한다는 것은 곧 응용하기 위해서인데, 그것이 대상성을 유지해야만 응용할 수 있다. 그런데 앞서 보았듯이 원리는 일반성과 확실성에서 얻은 것을 대상성에서 상실한다. 따라서 일찍부터 익숙해질 필요가 있는 것은 무엇보다도 원리의 대상적 측면이며, 이는 특수한 것에서 일반적인 것으로 나아가야만 이루어질 수 있다.

원리란 규약이자 변장된 정의이다. 그렇지만 실험적 법칙으로부터 이끌어지며, 이러한 법칙은 이를테면 우리의 지성이 절대적 가치를 부여하는 원리로서 확립되어 왔다.

어떤 철학자들은 지나치게 일반화하여 원리가 과학의 전부이며 따라서 과학 전체는 규약적이라고 믿었다.

유명론이라는 이러한 역설적인 학설은 시험을 견뎌 내지 못한다.

법칙은 어떻게 원리가 될 수 있을까? 법칙이란 실재하는 두 항 A와 B 사이의 관계를 나타낸 것이지만, 엄밀히는 참이 아니라 근사적일 뿐이었다. 다소간 가상적인 중간항 C를 임의로 도입하고, 정의에 의해 C는 법칙에 따라 표현된 A와의 관계를 엄밀하게 갖는다고 하자.

그러면 이 법칙은 A와 C의 관계를 나타내는 절대적이고 엄밀한 원리와, B와 C의 관계를 나타내는 근사적이고 수정 가능한 실험적 법칙으로 분해되며, 이 분해를 아무리 멀리까지 밀어붙여도 법칙은 항상 유지될 것이다.

이제 우리는 본래적 의미에서의 법칙의 영역에 들어서려 한다.

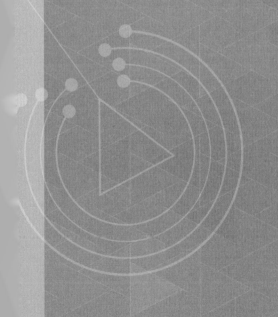

4부

자연

물리학에서의 가설

실험과 일반화의 역할

실험은 진리의 유일한 원천이다. 오직 실험만 우리에게 새로운 것을 가르쳐 주고 확실성을 부여해 줄 수 있다. 이 두 가지 점에 대해서는 누구나 인정하지 않을 수 없다.

하지만 실험이 전부라면 수리물리학을 위한 자리는 어디에 남아 있을까? 실험물리학은 쓸모없어 보이고 심지어 위험할지도 모르는 수리물리학이라는 조수를 데리고 무엇을 해야 했을까?

그렇지만 수리물리학은 존재하며 부인할 수 없는 도움을 주었다. 이는 부연 설명이 필요하다.

관측 자체만으로는 충분하지 않다. 관측을 이용해야 하고, 이를 위해서는 일반화가 필요하며, 늘 이렇게 이루어져 왔다. 다만 인간이 과거의 오류를 기억하면서 점점 더 조심스러워졌듯이, 관측은 점점 더 많이, 일반화는 점점 더 적게 하게 되었다.

매 시대마다 이전 시대는 조소의 대상이 되고, 일반화가 너무 성급히 또 너무 미숙하게 이루어졌다는 비난을 받아 왔다. 데카르트는 이오니아인을 측은히 여겼지만, 이번에는 우리가 그를 비웃고 있는 것이다. 우리의 후손들 또한 언젠가 우리를 조롱할 것이다.

그렇다면 우리는 즉시 목적지까지 갈 수는 없는 것일까? 이것이 우리가 예상하는 조롱을 모면할 방법이 아닐까? 있는 그대로의 실험에 만족할 수는 없을까?

아니, 불가능하다. 이는 과학의 참된 성격을 완전히 오인하는 처사다. 과학자는 질서를 바로잡아야 한다. 집이 돌로 지어지듯이 과학은 사실로 세워지지만, 돌무더기가 집이 아니듯 사실의 축적이 과학은 아니다.

무엇보다도 과학자는 예견할 수 있어야 한다. 영국의 역사가인 칼라일Thomas Carlyle은 어딘가에 다음과 같은 글을 남겼다. "사실만이 중요하다. 무지왕無地王 존John Lackland은 여기를 지나갔다. 여기 경탄할 만한 것이 있다. 세상 모든 이론을 바쳐도 아깝지 않을 실재가 여기 있다." 하지만 칼라일과 같은 나라 사람인 베이컨Francis Bacon이라면 이렇게 말했을 것이다. "무지왕 존은 여기를 지나갔다. 나와는 전혀 상관없는 일이다. 그가 다시 여기를 지나지 않을 테니까."

우리는 모두 좋은 실험과 나쁜 실험이 있다는 것을 알고 있다. 후자는 쓸데없이 쌓이기만 한다. 그러한 것을 백 번, 천 번 해 보았자, 예를 들어 파스퇴르와 같은 진정한 거장의 작업 단 한 번이면 그것들을 영원히 잊게 만들 수 있는 것이다. 베이컨은 이를 완전히 이해했을 것이다. **결정적 실험**experimentum crucis이란 말을 지어 낸 것이 바로 그이기 때문이다. 하지만 칼라일은 그것을 이해하지 못했을 것이다.

사실은 사실이다. 한 학생이 전혀 주의를 기울이지 않고 온도계의 눈금을 읽었다. 아무래도 상관없다. 그는 그것을 읽었고, 오로지 사실만이 문제라면, 이는 무지왕 존의 편력과 마찬가지로 하나의 실재다. 이 학생이 눈금을 읽었다는 사실은 무미한 반면, 어느 숙련된 물리학자가 다른 무언가를 읽었다는 사실은 왜 대단히 중요할까? 단 한 번 읽어서는 어떠한 결론도 내릴 수 없기 때문이다. 그렇다면 좋은 실험이란 무엇인가? 그것은 하나의 고립된 사실이 아닌 다른 것을 가르쳐 주고 예견할 수 있게 해 주는, 즉 일반화할 수 있게 해 주는 실험이다.

일반화 없이는 예견도 불가능하다. 우리가 취급한 환경은 결코 모든 것이 한꺼번에 재현되지는 않는다. 따라서 한번 관측된 사실이 다시 반복되지는 않을 것이다. 단정할 수 있는 유일한 것은 유사한 환경에서 유사한 사실이 발생하리라는 것이다. 그러므로 예견하기 위해서는 적어도 유사성을 내세워야 하며, 이는 이미 일반화 단계에 들어선 것이다.

아무리 소심한 이라도 내삽을 해야만 한다. 실험은 우리에게 일정수의 고립된 점들만 제공하기 때문에 연속된 선으로 이 점들을 연결해야 한다. 바로 이것이 진정한 일반화다. 하지만 우리는 더 많은 것을 한다.

그어진 곡선은 관측된 점들 사이와 근처를 지나겠지만, 그 점들 자체를 지나지는 않는다. 이처럼 우리는 실험을 일반화하는 데 그치지 않고 실험을 수정한다. 그런데 만일 이런 수정을 자제하고 있는 그대로의 실험에 정말로 만족하려는 물리학자가 있다면, 매우 기이한 법칙을 기술할 수밖에 없을 것이다.

이처럼 있는 그대로의 사실은 우리에게 충분하지 않다. 그래서 우리에게는 질서 정연한 과학, 혹은 차라리 조직화된 과학이 필요하다.

흔히 실험은 선입견 없이 해야 한다고 말하지만 가능하지 않다. 이는 모든 실험을 비생산적으로 만들 뿐만 아니라, 불가능한 것을 바라는 것이다. 저마다 쉽게 내던질 수 없는 자신의 세계관을 가지고 있다. 예컨대 우리는 언어를 사용해야 하는데, 우리의 언어는 다름 아닌 선입견으로 가득 차 있는 것이다. 이는 오로지 무의식적인 선입견이며 다른 것들보다 천 배나 더 위험하다.

만일 우리가 충분히 의식하고 있는 선입견까지 들여놓는다면 사태를 더 악화시키기만 하는 것일까? 나는 그렇게 생각하지 않는다. 오히려 서로 견제하는 역할을 한다고 생각한다. 해독제라고 하고 싶을 정도다. 일반적으로 서로 잘 일치하지 않기에 충돌할 것이고, 그로 인해 우리는 사물들을 서로 다른 측면에서 검토하게 될 것이다. 이는 우리를 자유롭게 하는 데 충분하다. 자신의 주인을 선택할 수 있다면 더 이상 노예가 아니기 때문이다.

이처럼 일반화 덕분에 우리는 관측된 각각의 사실을 통해 많은 것을 예견할 수 있다. 다만 최초의 사실만 확실하며, 그 외의 모든 것은 그저 있을 법할 일일 뿐이라는 것을 잊어서는 안 된다. 어떤 예견이 아무리 견고하게 확립된 것처럼 보여도 그것을 검증하려 할 때, 실험을 통해 반박되지 않으리라고는 **절대적으로** 확신할 수 없다. 하지만 우리가 실질적으로 만족할 만큼 그 확률이 큰 경우가 많다. 아무것도 예견하지 않는 것보다는 확신 없이 예견하는 편이 더 나은 것이다.

따라서 기회가 왔을 때 우리는 결코 검증을 소홀히 해서는 안 된다. 그러나 어떤 실험이든 오래 걸리고 힘들기 때문에 이에 종사하는 이들은 많지 않고, 예견이 필요한 사실의 수는 이루 헤아릴 수 없다. 그 양에 비하면 우리가 할 수 있는 직접적인 검증의 수는 결국 무시해도 좋을 만큼 적다.

우리가 직접 다다를 수 있는 이 약간의 것들을 최대한 **활용**해야 한다. 각각의 실험을 통해 우리는 최대한의 확률로 최대한의 예견을 할 수 있어야 한다. 이를테면 문제는 과학기기의 생산성을 증대시키는 것이다.

과학을 끊임없이 증대되어야 하는 도서관에 비유해도 좋다. 도서관의 사서가 도서 구입을 위해 사용할 수 있는 예산은 불충분하므로 낭비하지 않도록 애써야 한다.

도서 구입을 담당하는 것은 실험물리학이므로, 그것만이 도서관에 충실을 기할 수 있다.

수리물리학은 목록을 작성하는 임무를 맡고 있다. 이 목록이 잘 완성되어도 도서관이 더 넉넉해지지는 않겠지만, 독자들이 내실을 누리는 데 도움이 될 것이다.

또한 사서에게 장서 가운데 부족한 부분을 지적해서 예산을 적절히 사용할 수 있도록 해 줄 것이다. 이는 예산이 부족할수록 더욱더 중요해진다.

이것이 수리물리학의 역할이다. 수리물리학은 앞에서 언급한 과학의 생산성을 증대시키도록 일반화를 이끌어야 한다. 어떤 수단을 쓸지, 어떻게 위험을 피할 수 있을지를 검토하는 것은 우리에게 남겨진 몫이다.

자연의 통일성

먼저 모든 일반화는 어느 정도는 자연의 통일성과 단순성에 대한 믿음을 전제로 한다는 점에 주의하자. 통일성에 관한 한 어떠한 어려움도 없다. 만일 우주의 서로 다른 부분들이 신체의 기관들과 같지 않았다면, 그것들은 서로 작용하지도, 서로 알지도 못했을 것이다. 그리고 특히 우리는 우주의 한 부분만 알 수 있었을 것이다. 따라서 자연이 하나인지 아닌지가 아니라, 어떻게 하나가 되는지를 물어야 한다.

두 번째 점에 관해서는 그리 용이하지 않다. 자연이 단순한지는 확실하지 않은데, 마치 그런 것처럼 아무 탈 없이 다룰 수 있을까?

마리오트 법칙의 단순성이 그 정확성을 지지하는 논거로 내세워진 때가 있었다. 프레넬도 라플라스Pierre-Simon Laplace와 대화하는 중에 자연은 해석적인 어려움에 조금도 구애받지 않는다고 하면서 주류를 이루는 의견을 너무 거스르지 않도록 마지못해 설명을 덧붙여야 했다.

오늘날 그러한 생각은 확연히 달라졌다. 하지만 여전히 자연의 법칙은 단순해야 한다고 믿지 않는 이들에게조차 그것을 믿는 것처럼 행동해야 할 때가 종종 있다. 모든 일반화, 곧 모든 과학을 불가능하게 하지 않고서는 이러한 필요에서 완전히 벗어날 수는 없을 것이다.

어떤 사실이라도 무수한 방식으로 일반화될 수 있다는 것은 분명하다. 이는 선택의 문제이며, 그 선택은 단순성을 고려해야만 이끌어질 수 있다. 가장 평범한 내삽의 경우를 들어 보자. 관측에 의해 주어진 점들 사이를 지나도록 하나의 선을 가능한 한 규칙적으로 긋는다. 왜 우리는 꼭짓점과 급격한 굴곡을 삼갈까? 왜 곡선을 변화무쌍한 지그재그가 되도록 그리지 않을까? 표현해야 할 법칙이 그 정도로 복잡할 수는 없다고 이미 알고 있거나, 혹은 알고 있다고 믿기 때문이다.

목성의 질량은 그 위성들의 운동으로부터, 대행성의 섭동으로부터, 혹은 소행성의 섭동으로부터 도출될 수 있다. 이 세 가지 방법으로 얻은 값의 평균을 내 보면, 세 값은 매우 근접해 있지만 서로 다르다는 것을 알 수 있다. 이 결과는 세 가지 경우의 중력상수가 동일하지 않다고 가정해야 해석될 수 있으며, 이로써 관측은 훨씬 더 잘 표현될 것이 틀림없다. 그런데 왜 우리는 이러한 해석을 거부할까? 불합리하기 때문이 아니라 쓸데없이 복잡하기 때문이다. 그러한 해석을 강요받을 날이 온다면 받아들여야겠지만, 아직은 때가 아니다.

요컨대 대개의 경우 모든 법칙은 반증되기 전까지는 단순한 것이라 여겨지는 것이다.

이러한 습관은 방금 설명한 이유로 인해 물리학자들에게 강요되고 있다. 하지만 날마다 새로운 발견을 통해 더 다채롭고 복잡한 세부를 알게 되는 상황에서, 그 습관을 어떻게 정당화할 수 있을까? 하물며 어떻게 그것을 자연의 통일성에 대한 의식과 양립시킬 수 있을까? 만일 모든 것이 서로 의존한다면, 서로 다른 대상들이 그토록 많이 끼여 있는 관계는 더 이상 단순할 수 없다.

과학사를 연구해 보면, 이를테면 서로 반대되는 두 현상이 발생하는 것을 보게 된다. 단순함은 복잡한 겉모습 속에 가려지기도 하고, 반대로 극도로 복잡한 실재를 숨긴 채 겉으로만 드러나 있기도 한다.

무엇이 행성의 어지러운 운동보다 복잡하며, 또 무엇이 뉴턴의 법칙보다 단순할까? 이처럼 자연은 프레넬이 말했듯이 해석적인 어려움을 비웃으면서 단순한 방법만 사용하고, 이를 조합하여 무엇인지 모를 풀수 없는 실타래를 만들어 낸다. 바로 그것이 우리가 찾아내야 할 숨겨진 단순성이다.

그 반대의 예도 많다. 기체운동론에서는 빠른 속도로 움직이는 입자를 다루는데, 이 입자들은 끊임없는 충돌로 인해 매우 변덕스런 모습을 띠게 된 경로를 따라 모든 방향으로 공간을 누비고 다닌다. 관측 가능한 결과는 마리오트의 간단한 법칙이다. 각각의 개별적 사실은 복잡했지만, 큰 수의 법칙은 그 평균 속에서 단순성을 회복시켰다. 여기서 단순성은 단지 겉으로만 드러날 뿐, 우리의 거친 감각만으로는 그 내면의 복잡성을 알아볼 수 없다.

왜 많은 현상이 비례성의 법칙을 따르는 것일까? 그러한 현상에는 매우 작은 어떤 것이 존재하기 때문이다. 관측된 단순한 법칙은 다름 아닌, 함수의 무한소 증분은 변수의 증분에 비례한다는 일반적인 해석적 규칙을 번역한 것에 불과하다. 실제로 증분은 무한히 작은 것이 아니라 단지 매우 작은 것이므로, 비례성의 법칙은 근사적일 뿐이고 단순성도 겉보기일 뿐이다. 방금 말한 것은 작은 운동들의 중첩에 관한 규칙에도 적용되는데, 이 규칙은 대단히 생산적이며 광학의 기초가 된다.

뉴턴의 법칙 자체는 어떨까? 그 단순성은 그토록 오래 숨겨져 있었지만 단지 겉보기에만 그럴지도 모른다. 그것이 어떤 복잡한 메커니즘에 의한 것은 아닐지, 불규칙적인 운동을 하는 어떤 미세한 물질의 충돌에 의한 것은 아닐지, 또한 평균과 큰 수의 작용에 의해서만 단순해지는 것은 아닐지 누가 알겠는가? 어느 경우든 진정한 법칙은 근거리에서 느낄 수 있는 보완적인 항들을 포함한다고 가정하지 않으면 곤란하다. 만일 천문학에서 그 항들이 뉴턴의 법칙에 대해 무시될 만한 것이라면, 그리고 그 법칙이 이처럼 단순성을 회복한다면, 이는 오로지 천체들 사이의 거리가 막대하기 때문일 것이다.

물론, 설령 연구 방법이 점점 더 예리해진다고 해도 우리는 복잡한 것 속에서 단순한 것을, 다시 단순한 것 속에서 복잡한 것을, 또다시 복잡한 것 속에서 단순한 것을 발견하고, 이를 계속 반복하여 마지막 항이 무엇일지 예견할 수 없게 될 것이다.

어디선가는 멈추어야 하는데, 과학이 가능하기 위해서는 단순성을 발견했을 때 멈춰 서야 한다. 이것이야말로 일반화라는 건축물을 세울 수 있는 유일한 땅인 것이다. 하지만 단순성이 겉보기에 불과해도 이 땅은 충분히 단단할까? 바로 이것을 연구해야 한다.

이를 위해 단순성에 대한 믿음이 일반화에서 어떤 역할을 하는지 살펴보자. 우리는 충분히 많은 개개의 경우에 대해 단순한 법칙을 검증했다. 우리는 자주 반복되는 이러한 부합이 단지 우연의 결과라고 인정하기를 거부하고, 이 법칙이 일반적인 경우에 참이어야 한다는 결론을 내린다.

케플러는 티코Tycho Brahe가 관측한 행성의 위치가 전부 동일한 타원 위에 있다는 데 주목했고, 티코가 운명의 기이한 장난으로 인해 그 행성의 실제 궤도가 타원을 가로지르는 순간에만 하늘을 바라보았을 것이라는 생각은 한 순간도 하지 않았다.

단순성이 실재하든 아니면 복잡한 진리를 감추고 있든 무슨 상관이 있을까? 단순성이 개개의 차이를 평탄하게 하는 큰 수의 영향에 의한 것이든, 아니면 어떤 항들을 무시할 수 있도록 하는 어떤 양의 많고 적음에 의한 것이든 어떠한 경우라도 우연에 의한 것은 아니다. 단순성에는 그것이 실재든 허울이든 항상 원인이 있다. 따라서 우리는 늘 똑같은 추론을 할 수 있으며, 만일 단순한 법칙이 개개의 여러 경우에 관찰되었다면, 유사한 경우에도 여전히 참일 것이라고 정당하게 가정할 수 있다. 이를 거부하는 것은 우연성에 용인할 수 없는 역할을 부여하는 것이리라.

그렇지만 거기에는 차이가 있다. 만일 단순성이 실재적이고 심층적이라면, 측정 수단의 정밀도가 높아져도 유지될 것이다. 그러므로 만일 자연이 기저에서부터 단순한 것이라고 믿는다면, 근사적인 단순성에서 엄밀한 단순성이라는 결론을 끌어내야 한다. 이는 이미 논한 것이므로 더 이상 우리에게 논의할 권리는 없다.

예컨대 케플러의 법칙이 단순한 것은 겉보기에 불과하지만, 이 법칙은 태양계와 유사한 거의 모든 계에 적용된다. 그러나 엄밀하게 정확하지는 않다.

가설의 역할

모든 일반화는 각각 하나의 가설이다. 따라서 가설은 누구도 이의를 제기하지 않았던 불가결한 역할을 한다. 다만 가설은 항상 가능한 한 빨리, 자주 검증을 받아야 한다. 이러한 검증을 견뎌 내지 못하는 가설이라면 서슴없이 포기해야 함은 말할 필요도 없다. 이는 일반적으로 행하는 것이지만, 때로는 불편한 심기를 동반하기도 한다.

그런데 이 불편한 심기 자체는 정당화되지 않는다. 이제 막 가설들 중 하나를 단념한 물리학자는 오히려 기뻐해야 하는데, 예기치 않은 발견의 기회를 갓 얻은 것이기 때문이다. 내 생각에 그의 가설은 경솔하게 채택되지는 않았을 것이다. 현상에 관여할 수 있을 만한 모든 알려진 인자를 고려했을 것이다. 검증이 이루어지지 않는다면, 뜻밖의 놀라운 점이 있기 때문이다. 즉, 알려지지 않은 새로운 것을 발견하려는 찰나에 있다는 것이다.

그렇다면 이처럼 뒤집힌 가설은 비생산적이었을까? 전혀 그렇지 않다. 오히려 참인 가설보다도 더 많은 도움이 되었다고 할 수 있다. 그것은 결정적 실험의 기회였을 뿐만 아니라, 만일 이 실험이 가설 없이 우연히 이루어졌다면 그로부터 아무것도 도출되지 않고 어떤 이상한 점도 보이지 않았을 것이다. 결국 아무런 결론도 이끌어 내지 못하는 하나의 사실만 목록에 추가될 뿐이다.

그런데 가설을 어떤 조건에서 사용해야 위험을 피할 수 있을까?

실험에 순응하겠다는 굳은 결심만으로는 부족하다. 게다가 위험한 가설들이 존재하는데, 무엇보다도 암암리에 무의식적으로 받아들이는 가설들이 그렇다. 우리도 모르는 사이에 받아들이기 때문에 내던질 수도 없는 것이다. 여기서 우리는 다시 수리물리학의 도움을 받을 수 있다. 수리물리학이 없었다면 의심 없이 만들었을 모든 가설을 특유의 정확성을 빌려 공식화하지 않을 수 없다.

또 가설의 수를 지나치게 늘리지 말고 하나씩 차례차례 세우는 것이 중요하다는 데 주의하자. 만일 복수의 가설에 입각하여 구축된 이론이 실험에 의해 거부당한다면, 전제들 가운데 어떤 것을 변경해야 할지 알 수 없을 것이다. 역으로 실험이 성공했다고 해서 이 모든 가설을 한꺼번에 검증한 것이라고 할 수 있을까? 단 하나의 방정식으로 여러 미지수를 구했다고 할 수 있을까?

또한 우리는 서로 다른 종류의 가설들을 구별할 수 있도록 유의해야 한다. 먼저, 너무나 당연하여 우리가 거의 피할 수 없는 것들이 있다. 아주 멀리 떨어져 있는 물체의 영향은 완전히 무시할 수 있고, 작은 운동은 선형적 법칙을 따르며, 결과는 그 원인의 연속함수라고 가정하지 않으면 곤란해진다. 대칭에 의해 강요되는 조건들에 대해서도 마찬가지다. 이를테면 이 모든 가설은 수리물리학의 모든 이론에 공통되는 기초를 형성한다. 이것들을 마지막까지 포기해서는 안 된다.

가설의 두 번째 범주는 내가 무관계하다고 규정하려는 것이다. 대부분의 문제에서 해석학자는 계산을 시작할 때 물질이 연속적이라고 가정하거나 반대로 원자로 이루어져 있다고 가정한다. 반대쪽을 가정했다고 해서 그 결과가 바뀌는 것은 아니다. 결과를 얻는 데 조금 더 애를 먹겠지만 그뿐이다. 만일 실험을 통해 그의 결론이 입증되었다면, 예컨대 그는 원자의 실재를 증명했다고 생각할 수 있을까?

광학이론에서는 2개의 벡터가 도입되는데, 하나는 속도, 다른 하나는 소용돌이라 여겨진다. 이 또한 무관계한 가설이다. 정반대라 가정해도 똑같은 결론에 이를 것이기 때문이다. 따라서 실험이 성공했다고 해서 바로 첫 번째 벡터가 속도라는 것이 증명되는 것은 아니다. 증명되는 것은 단 한 가지, 즉 그것이 하나의 벡터라는 것이다. 이것이 전제들 내에 실제로 도입된 유일한 가설이다. 거기에 우리의 불완전한 지성이 요구하는 구체적인 외관을 부여하기 위해 그것을 속도로서든 소용돌이로서든 간주해야만 했다. 그것을 x든 y든 문자로 나타내야 했던 것과 마찬가지다. 하지만 그 결과가 어떻게 나오든 그것을 속도라 여기는 것이 옳았는지 틀렸는지, 그것을 y가 아니라 x라 부르는 것이 옳았는지 틀렸는지 입증되지는 않는다.

이러한 무관계한 가설들은 그 성질이 오인되지 않는 한 결코 위험하지 않다. 이는 계산의 기법으로서나, 이른바 관념을 고정시키기 위해 구체적인 이미지로 우리의 오성을 떠받치는 것으로서 유용할 것이다. 따라서 그것들을 배제할 이유가 없다.

세 번째 범주의 가설은 참된 일반화라는 것인데, 바로 이것이 실험을 통해 입증되거나 파기되어야 한다. 그것은 입증되든 파기되든 늘 생산적일 것이다. 하지만 앞서 제시한 이유 때문에 그 수가 너무 많지 않을 때만 그렇다.

수리물리학의 기원

나아가 수리물리학을 발전하게 만든 조건들을 더 자세히 연구해 보자. 과학자들의 노력은 항상 경험을 통해 직접 주어진 복잡한 현상을 수많은 기본현상으로 분해하는 것이 목표였음을 우리는 한눈에 알 수 있다.

이는 서로 다른 세 가지 방식으로 이루어지는데, 먼저 시간에 따른 것이다. 우리는 어떤 현상의 점진적 발전을 총체적으로 파악하지 않고, 단지 각각의 순간을 바로 직전의 순간과 연결하려 한다. 세계의 현재 상태는 이를테면 먼 과거의 기억으로부터는 직접적인 영향을 받지 않고, 가장 가까운 과거에만 의존한다고 받아들이는 것이다. 이 공준으로 인해 현상들의 모든 계기繼起를 직접 연구하는 대신에 그 '미분방정식'을 세우는 데 그칠 수 있다. 케플러의 법칙 대신에 뉴턴의 법칙을 이용하는 것이다.

다음으로 우리는 현상을 공간 내에서 분해하려 한다. 경험이 우리에게 제공하는 것은 일정한 넓이의 무대 위에 등장하는 사실들의 혼란스런 총체다. 이와 반대로 공간의 매우 좁은 영역 내에 국한되어 있는 기본현상을 식별하도록 애써야 한다.

몇몇 예를 통해 나의 생각을 더 잘 이해할 수 있을 것이다. 냉각되는 어떤 고체의 온도 분포를 그 복잡성 내에서 연구하려 하면 결코 성공할 수 없다. 고체의 한 점에서 그와 떨어져 있는 다른 점으로 열이 직접 전달될 수는 없다고 생각하면 간단해진다. 인접해 있는 점들에만 열이 전달되고 점차적으로 열의 흐름은 고체의 다른 부분들에 도달할 수 있을 것이다. 기본현상은 바로 인접한 두 점 사이의 열 교환이다. 서로 떨어져 있는 입자들의 온도에는 영향을 받지 않는 것이 당연하다고 받아들인다면, 기본현상은 엄밀히 국한되고 상대적으로 간단해진다.

막대기를 구부리면 직접 연구할 수 없을 만큼 매우 복잡한 형태를 띨 것이다. 하지만 그 굴곡은 막대기의 매우 작은 요소들이 변형된 결과에 불과하다는 것, 이 요소들 각각의 변형은 직접 가해진 힘에만 의존하고 다른 요소에 작용하는 힘에는 조금도 의존하지 않는다는 것을 주지하면 이 문제에 접근할 수 있다.

쉽게 들 수 있는 이런 예에서는 원격작용, 적어도 굉장히 먼 거리에서의 작용은 존재하지 않는다고 받아들여진다. 이는 하나의 가설이며, 중력의 법칙이 입증하듯이 항상 참인 것은 아니기 때문에 검증을 받아야 한다. 비록 근사적일지라도 가설이 입증되면 적어도 축차근사법에 의해 수리물리학이 가능해지기 때문에 유용한 것이다.

하지만 가설이 시험을 견뎌 내지 못하면 이와 비슷한 다른 것을 찾아야 한다. 기본현상에 이르는 다른 방법이 남아 있기 때문이다. 만일 여러 물체가 동시에 작용한다면, 이 작용들은 서로 독립적이면서 벡터로서든 스칼라로서든 서로 더해질 수 있을 것이다. 이때 기본현상은 고립된 물체의 작용이다. 혹은 잘 알려진 중첩의 법칙에 따르는 작은 운동, 더 일반적으로 말해서 작은 변동이 필요하다. 이때 관찰된 운동은 간단한 운동으로 분해될 것이다. 예컨대 소리는 배음倍音으로, 백색광은 단색 성분으로 분해될 것이다.

기본현상을 어느 방면에서 구하는 것이 좋을지 알아냈다면, 이제 그것을 파악하기 위해 어떤 방법을 사용해야 할까?

먼저 그 현상을 판별하기 위해, 혹은 차라리 그 가운데 우리에게 유용한 것을 판별하기 위해 그 메커니즘을 파고들 필요는 없다. 큰 수의 법칙만으로 충분하다. 다시 열전도의 예를 들어 보자. 각각의 입자는 인접한 입자로 열을 복사한다. 어떤 법칙에 따르는지는 알 필요가 없다. 만일 이에 대해 무언가를 가정하면, 무관계한 가설이 되어 쓸모없고 검증 불가능하게 될 것이다. 실제로 평균화와 매질의 대칭성으로 인해 모든 차이는 소멸되고 세워진 가설이 무엇이든 그 결과는 항상 똑같다.

동일한 상황이 탄성이론과 모세관이론에서도 발생한다. 인접해 있는 입자들은 서로 끌어당기거나 밀어내는데, 어떤 법칙에 의한 것인지 알 필요는 없다. 이러한 인력은 근거리에서만 느낄 수 있다는 것, 입자들의 수가 매우 많다는 것, 매질은 대칭적이라는 것만으로 충분하며, 큰 수의 법칙이 작용하도록 맡기기만 하면 되는 것이다.

여기에서도 기본현상의 단순성은 관측 가능한 합성현상의 복잡성 아래에 숨겨져 있다. 하지만 이번에는 이 단순성이 겉보기에 불과하며, 매우 복잡한 메커니즘을 감추고 있었다.

기본현상에 이르는 최선의 방법은 분명 실험일 것이다. 실험적 기법을 통해 자연이 우리의 탐구를 위해 제공하는 복잡한 다발을 분리하고, 가능한 한 순수한 요소를 세심하게 연구해야 한다. 예를 들어 자연의 백색광을 프리즘을 이용하여 단색광으로 분해하거나, 편광기를 이용하여 편광으로 분해할 수 있다.

하지만 안타깝게도 이는 늘 가능하거나 충분한 것이 아니어서 때때로 지성이 실험을 앞서가야 할 때도 있다. 늘 내게 강렬한 인상을 주는 예를 하나만 들어 보겠다.

백색광을 분해하면 스펙트럼의 작은 한 부분을 분리할 수 있지만, 그 부분이 아무리 작다고 해도 일정한 폭을 가질 것이다. 마찬가지로 **단색광**이라는 자연광은 매우 가는 선을 제공해 주지만 무한히 가늘지는 않다. 이러한 자연광의 속성을 실험적으로 연구하면, 즉 점점 가늘어지는 스펙트럼선을 이용하여, 이를테면 이를 극한까지 진행하면 엄밀히 단색인 빛의 속성을 알게 될 것이라고 가정할 수 있다.

하지만 이는 정확하지 않을 것이다. 동일한 광원에서 발산되는 두 빛을 먼저 직각을 이루는 두 평면에 편광시키고, 다시 동일한 편광판으로 돌아오게 하여 간섭시켜 본다고 가정하자. 빛이 **엄밀히 단색**이라면 간섭이 일어날 것이다. 그러나 단색에 가까울 뿐인 우리의 빛으로는 간섭이 일어날 수 없고, 빛이 아무리 가늘어도 마찬가지다. 간섭이 일어나려면 알려진 가장 가는 빛보다 수백만 배는 더 가늘어야 한다.

그렇다면 극한까지 진행한다는 것은 잘못된 생각이다. 지성이 실험을 앞서가야 했고, 이것이 성공한 것은 단순성의 직관으로 이끌어졌기 때문이다.

기본사실을 알면 문제를 방정식으로 표현할 수 있다. 그 이후에는 이로부터 관측과 검증이 가능한 복합사실을 조합에 의해 도출해 내기만 하면 된다. 이것이 우리가 **적분**이라 하는 것이며, 수학자의 일이다.

물리학에서의 일반화는 왜 기꺼이 수학적 형식을 취하는지 묻는 이도 있을 것이다. 이제 그 이유를 쉽게 알 수 있다. 수치로 나타낸 법칙을 표현해야 하고, 관찰 가능한 현상은 **전부 서로 비슷한** 기본현상들의 수많은 중첩에 의한 것이기 때문이다. 따라서 아주 자연스럽게 미분방정식이 도입된다.

각각의 기본현상이 단순한 법칙에 따르는 것만으로는 부족하며, 조합되어야 할 모든 현상이 동일한 법칙에 따라야 한다. 바로 그때에만 수학의 개입이 유용할 수 있다. 실제로 수학은 비슷한 것끼리 서로 조합하는 법을 가르쳐 준다. 수학의 목적은 어떤 조합을 요소별로 되풀이할 필요 없이 그 결과를 추측하는 것이다. 동일한 조작을 여러 번 반복해야 할 때, 수학은 일종의 귀납을 통한 결과를 미리 알려 줌으로써 이 반복을 피할 수 있게 해 준다. 이에 대해서는 '수학적 추론의 본성에 관하여'에서 이미 설명했다.

그런데 이를 위해서는 모든 조작이 서로 비슷해야 한다. 그렇지 않은 경우에는 실제 조작을 하나씩 차례대로 해 나가는 수고를 감수해야 하고, 수학은 쓸모없어질 것이다.

그러므로 수리물리학이 탄생할 수 있었던 것은 물리학자가 연구하는 물질이 근사하게 동질적이기 때문인 것이다.

박물학에서는 이러한 조건들, 즉 동질성, 멀리 떨어진 부분들의 상호 독립성, 기본사실의 단순성 등을 찾아볼 수 없으며, 이 때문에 박물학자들은 일반화의 다른 방식을 빌려와야 했다.

근대물리학의 이론

물리학적 이론의 의의

과학이론이 얼마나 일시적인 것인지 알게 되면 세상 사람들은 충격을 받는다. 이들은 몇 년 동안 번영하다가도 차례로 버려져 잔해 위에 잔해가 쌓이는 것을 본다. 오늘날 유행하는 이론도 머지않아 거꾸러질 것이라 예견하고, 따라서 이론은 완전히 무의미한 것이라 결론짓는다. 이것이 이른바 과학의 파산이라는 것이다.

그들의 회의주의는 피상적이며, 과학이론의 목적과 역할에 대해 전혀 이해하지 못하고 있거나, 그렇지 않으면 그 잔해가 무언가에 도움이 될 수 있음을 이해하고 있을 것이다.

어떤 이론도 빛을 에테르의 운동으로 여기는 프레넬의 이론보다 확고해 보이지 않았지만, 이제는 맥스웰의 이론을 선호한다. 그렇다고 프레넬의 작업은 헛된 것이었다고 할 수 있을까? 그렇지 않다. 프레넬의 목적은 에테르가 정말로 존재하는지, 원자로 이루어져 있는지, 이 원자들이 실제로 여러 방향으로 움직이는지를 아는 것이 아니라, 광학적 현상을 예견하는 데 있었기 때문이다.

그런데 프레넬의 이론은 맥스웰의 이론보다 이전 것인데도 오늘날까지 이를 가능하게 한다. 그 미분방정식은 항상 참이고, 언제든 동일한 방법을 통해 적분될 수 있으며, 이 적분의 결과는 그 가치를 전혀 잃지 않는다.

이처럼 물리학적 이론이 실제적 처방의 역할로 축소된다고 말하려는 것이 아니다. 이 방정식들은 관계를 표현하는데, 계속해서 참인 것은 그 관계가 실재성을 유지하기 때문이다. 이전처럼 그 이후에도 방정식은 어떤 것과 다른 것 사이에 여러 관계가 있다는 것을 우리에게 가르쳐 주는 것이다. 다만 이 어떤 것을 예전에는 **운동**이라 했지만 지금은 **전류**라 할 뿐이다. 하지만 이러한 명명은 자연이 영구히 감추고 있을 실재적 대상을 대신하는 이미지에 지나지 않았다. 실재적 대상 사이의 참된 관계야말로 우리가 파악할 수 있는 유일한 실재다. 그 조건은 어쩔 수 없이 대상을 대신하게 되는 이미지 사이의 관계와 동일한 관계가 그 대상 사이에도 존재한다는 것뿐이다. 만일 이 관계가 알려져 있다면, 어떤 이미지를 다른 이미지로 대체하는 것이 편리하다고 판단해도 문제될 것이 없다.

실제로 어떤 주기적인 현상(예컨대 전기진동)이 정말로 여러 방향으로 마치 진자처럼 움직이는 어떤 원자의 진동에 의한다는 것은 확실하지도 흥미롭지도 않다. 그러나 전기진동, 진자의 운동, 그리고 모든 주기적 현상 사이에는 어떤 심층적 실재에 대응하는 긴밀한 동족성이 존재한다는 것, 이 동족성, 유사성, 혹은 오히려 평행성은 아주 상세한 부분에까지 계속된다는 것, 이는 에너지 보존의 원리와 최소작용의 원리 같은 더욱 일반적인 원리의 귀결이라는 것 등이야말로 우리가 단정할 수 있고, 잘 어울릴 것이라는 판단 아래 아무리 괴상한 옷을 입혀 보아도 항상 그대로인 진리인 것이다.

빛의 분산에 관한 수많은 이론이 쏟아져 나왔는데, 초기의 이론들은 불완전하고 진리의 미미한 부분만 포함하는 것들이었다. 곧이어 헬름홀츠의 이론이 등장한 후 여러 방식으로 변경되었으며, 헬름홀츠 자신도 맥스웰의 원리에 기반을 두는 또 다른 이론을 생각하고 있었다. 그런데 주목할 만한 점은 헬름홀츠 이후의 모든 과학자가 겉으로는 서로 멀리 떨어진 출발점에서 시작했는데도 똑같은 방정식을 얻어 냈다는 것이다. 나는 감히 이 이론들이 모두 참이라고 말할 것이다. 동일한 현상을 예견 가능하게 할 뿐만 아니라, 흡수와 이상분산異常分散 간의 참된 관계를 밝혀 주기 때문이다. 이 이론들의 전제에서 참인 것은 모든 논자에게 공통되며, 그것은 서로 다른 이름으로 불리는 것들 간의 여러 관계를 단정하는 것이다.

기체운동론은 수많은 반론을 불러일으켰는데, 이를 절대적 진리라 자신하는 이들에게는 대답하기 곤란한 것이었다. 하지만 이 모든 반론은 그 이론이 유용했다는 것, 특히 이 이론이 없었다면 깊이 숨어 있었을 참된 관계, 즉 기체의 압력과 삼투압 사이의 관계를 보여 준다는 점에서 유용했다는 사실을 부정할 수는 없다. 이런 의미에서 참이라 할 수 있는 것이다.

물리학자가 똑같이 소중하게 여기는 두 이론 사이에 모순이 있음을 확인했을 때, 때로는 다음과 같이 말한다. "이에 대해 걱정하지 말자. 중간 고리는 감춰지더라도 사슬의 양끝을 단단히 붙들자." 만일 물리학적 이론에 보통 사람들이 부여하는 의미를 두어야 한다면, 난처해진 신학자와 같은 이러한 논법은 우스꽝스러울 것이다. 서로 모순될 경우에는 적어도 한쪽은 잘못되었다고 간주해야 한다. 하지만 그 이론으로부터 구해야 할 것만 구하려 한다면 더 이상 그렇게 하지 않아도 된다. 양쪽 이론 모두 참된 관계를 나타내고, 우리가 실재에 입힌 이미지에만 모순이 존재할 수도 있기 때문이다.

과학자들이 접근할 수 있는 영역을 너무 제한한다고 생각하는 이들에게 나는 다음과 같이 답변할 것이다. "우리가 당신들에게 금지하여 유감스럽게 여기는 이 문제들은 단지 해결할 수 없을 뿐만 아니라 허망하고 의미 없는 것입니다."

어떤 철학자는 물리학 전체가 원자들 간의 충돌로 설명된다고 주장한다. 단지 물리학적 현상 사이에는 수많은 공의 충돌과 동일한 관계가 존재한다는 의미라면, 이보다 더 좋을 수는 없다. 검증 가능하고 아마도 참일 것이기 때문이다. 하지만 그 이상의 다른 의미가 있고, 우리는 이를 이해한다고 생각한다. 단지 당구 경기를 자주 보아 왔기에 충돌이 무엇인지 알고 있다고 믿기 때문이다. 신神이 그의 작품을 관조할 때, 우리가 당구 경기를 볼 때와 같은 것을 느낀다고 생각할 수 있을까? 만일 그 철학자의 주장에 이러한 묘한 의미를 부여하고 싶지 않다면, 그리고 방금 전에 설명했던 제한적이지만 올바른 의미를 부여하고 싶지 않다면, 그 주장은 아무런 의미도 없게 된다.

따라서 이런 부류의 가설에는 은유적인 의미밖에 없다. 시인이 은유를 포기하지 않는 것처럼 과학자도 이러한 가설을 금지해서는 안 되며, 그것이 얼마나 가치 있는 것인지를 알아야 한다. 지성을 충족시키는 데도 유용하고, 무관계한 가설인 이상 유해하지도 않을 것이다.

이러한 고찰을 통해 이미 버려졌거나 실험을 통해 결정적으로 거부되었다고 생각했던 이론들이 잿더미에서 갑자기 다시 살아나 새롭게 받아들여지는 이유를 설명할 수 있다. 바로 참된 관계들을 표현했기 때문이며, 우리가 여러 가지 이유로 이와 동일한 관계들을 다른 언어로 기술해야 한다고 생각했을 때도 그 표현을 그만두지 않았기 때문이다. 이러한 이론들은 일종의 잠재적 생명을 보존하고 있었던 것이다.

불과 15년 전, 쿨롱Charles Augustin de Coulomb의 유체보다 우스꽝스럽고 케케묵은 것이 또 있었을까? 그런데 그것이 이제 **전자**라는 이름으로 다시 고개를 들고 있다. 항구적으로 전기를 띠는 입자와 쿨롱의 전기적 입자는 어떤 점에서 다른가? 전자 내에서 전기가 극소량의 물질로 유지된다는 것은 사실이다. 달리 말하면 전자는 질량이 있다는 것이다(하지만 오늘날에도 여전히 반론은 있다). 그러나 쿨롱은 그의 유체에도 질량이 있음을 부인하지 않았고, 설령 부인했더라도 마지못해 그랬을 것이다. 전자에 대한 믿음이 더 이상 소멸되지 않으리라 단정하는 것은 무모하겠지만, 그럼에도 이러한 예기치 못한 부활을 확인하는 것은 여전히 주목할 만하다.

그런데 가장 놀라운 예는 카르노의 원리다. 카르노^{Nicolas Léonard Sadi Carnot}는 잘못된 가설에서 출발하여 그 원리를 수립했다. 열은 사라지지 않는 것이 아니라 일로 변환될 수 있다는 것을 알았을 때 그의 사유는 완전히 폐기되었지만, 그 후 클라우지우스가 재검토하여 그 사유에 결정적인 성공을 안겨 주었다. 카르노의 이론은 처음 형태에서 참된 관계들과 함께 또 다른 부정확한 관계들, 즉 낡은 사유의 파편까지 표현했지만, 부정확한 관계가 있다고 해서 참된 관계의 실재가 손상되지는 않았다. 클라우지우스는 마치 죽은 가지를 잘라 내듯이 이들을 떼어 놓기만 하면 되었다.

그 결과가 바로 열역학의 두 번째 기본법칙이다. 이 관계들은 적어도 겉으로는 동일한 대상들 사이에 성립하지 않았는데도 항상 동일했던 것이다. 이 원리가 가치를 유지하는 데는 이로써 충분했다. 카르노의 추론도 그런 이유로 사라지지 않았으며, 오류로 얼룩진 질료에 적용되었지만 그 형상(즉, 본질)은 올바른 것이었다.

방금 이야기한 것은 최소작용의 원리나 에너지 보존의 원리와 같은 일반적 원리의 역할 또한 동시에 밝혀 준다.

이러한 원리들은 매우 높은 가치를 지닌다. 수많은 물리학적 법칙의 진술에 공통적인 것을 탐색해서 얻은 것이기에 무수히 많은 관찰의 정수를 보여 주고 있다.

그런데 바로 그 일반성으로부터 내가 '에너지와 열역학'에서 주의를 환기했던 하나의 귀결이 나온다. 즉, 검증되지 않을 수 없다는 것이다. 우리는 에너지에 일반적인 정의를 부여할 수 없기 때문에 에너지 보존의 원리는 항상 일정한 어떤 것이 존재함을 의미할 뿐이다. 미래의 실험을 통해 부여받을 세계에 관한 새로운 개념이 어떤 것이든 우리는 항상 일정한 어떤 것이 존재할 것이며 이를 에너지라 부를 수 있다고 미리 확신하고 있는 것이다.

그렇다면 원리는 아무런 의미도 없으며 단지 동어반복 속으로 자취를 감춘다는 것일까? 전혀 그렇지 않다. 우리가 에너지라는 이름을 붙이는 다양한 것은 참된 동족성으로 연결되어 있음을 의미하는 것이다. 원리는 이들 사이에 실재적 관계가 있음을 단정한다. 하지만 그렇다면 이 원리에 의미가 있다고 해도 그것은 틀린 것일지도 모른다. 우리에게는 이 적용을 한없이 확장할 권리가 없는데도 엄밀한 의미에서 검증될 것이라고 미리 확신하고 있는 것인지도 모른다. 그런데 이 원리가 정당하게 부여받을 수 있는 확장의 한계에 이르렀을 때, 그것을 어떻게 알 수 있을까? 단지 더 이상 우리에게 유용하지 않게 되었을 때, 즉 그로부터 새로운 현상들을 정확히 예견할 수 없게 되었을 때라고 할 수 있다. 이러한 경우 우리는 단정된 관계가 더 이상 실재하지 않는다고 확신할 것이다. 그렇지 않다면 그 원리는 생산적일 것이기 때문이다. 실험은 이 원리의 새로운 확장과 직접 모순되지는 않겠지만 그것을 부인할 것이다.

물리학과 기계론

대부분의 이론가는 역학 또는 동역학에서 차용한 설명을 유달리 좋아한다. 특정한 법칙에 따라 서로 끌어당기는 입자들의 운동으로 모든 현상을 해명할 수 있다면 만족할 이도 있을 것이다. 더욱 까다로운 이들은 원거리에서 작용하는 인력을 제거하고 싶을 것이고, 입자는 직선 경로를 그리며 충격에 의해서만 휘어질 수 있다고 할 것이다. 헤르츠와 같은 또 다른 이들은 힘까지 배제하지만, 입자는 예컨대 관절계와 유사한 기하학적 연결에 맡겨진다고 가정한다. 이처럼 그들은 동역학을 일종의 운동학으로 환원하려고 하는 것이다.

간단히 말해 그들은 모두 자연에 특정한 형식을 강요하고 싶어 하며, 그 형식 이외로는 그들의 지성이 만족할 수 없을 것이다. 자연에는 그만큼 충분한 유연성이 있을까?

우리는 이 문제를 '광학과 전기학'에서 맥스웰의 이론과 관련지어 검토할 것이다. 에너지의 원리와 최소작용의 원리가 만족될 때마다 우리는 역학적 설명이 항상 가능할 뿐만 아니라 무한하다는 것을 알게 될 것이다. 쾨니히스Gabriel Xavier Paul Koenigs의 잘 알려진 관절계에 관한 정리는 모든 것이 헤르츠 방식의 연결에 의해, 혹은 중심력에 의해 무한히 많은 방식으로 설명될 수 있음을 보여 준다. 모든 것은 항상 단순한 충돌로 설명할 수 있다는 것 또한 분명 쉽게 증명될 것이다.

이를 위해서는 우리의 감각을 통해 알 수 있고 그 운동을 직접 관찰할 수 있는 보통의 물질에 만족해서는 안 된다. 보통의 물질은 원자로 이루어져 있으며, 우리는 그 원자의 내부 운동을 파악할 수 없고, 단지 총체적인 이동만 감각을 통해 추정할 수 있다고 가정하거나, 아니면 에테르 혹은 다른 이름으로 불리는 미세한 유체 가운데 하나가 언제 어느 때든 물리학적 이론에서 매우 중요한 역할을 해 왔다고 상상할 수 있을 것이다.

종종 우리는 한 걸음 더 나아가 에테르를 유일한 태초의 물질, 심지어는 유일한 참된 물질이라고까지 여긴다. 가장 절제력 있는 이들조차 보통의 물질을 응축된 에테르라 간주하는데, 이것은 거슬릴 것이 없다. 하지만 어떤 이들은 그 중요성을 더욱더 깎아내려 그것을 에테르 특이점의 기하학적 궤적 이상의 그 무엇도 아니라고 본다. 예를 들어 켈빈경Lord Kelvin에게 **물질**이란 에테르가 소용돌이 운동을 하며 지나는 점들의 궤적에 불과하고, 리만에게는 에테르가 끊임없이 소멸되는 점들의 궤적, 더 최근에 등장한 비헤르트Emil Wiechert나 라머Joseph Larmor에게는 에테르가 매우 독특한 성질을 띤 일종의 비틀림을 받는 점들의 궤적이다. 만일 누군가가 이런 여러 입장 가운데 하나를 취하려 한다면, 에테르가 진짜 물질이라는 구실 아래 가짜 물질에 불과한 보통의 물질에 관해 관찰되는 역학적 성질을 에테르에까지 확장할 권리가 있는지 의심스럽다.

과거의 유체, 즉 열소熱素, 전기와 같은 것들은 열이 사라지는 것이라는 사실이 밝혀졌을 때 폐기되었다. 하지만 그것들이 폐기된 데는 또 다른 이유가 있었다. 물질화됨으로써 개별성이 강조되고, 그것들 사이에 일종의 심연이 가로놓였기 때문이다. 자연의 통일성에 대한 열망이 더욱 고조되었을 때, 그리고 모든 부분을 연결하는 밀접한 관계를 알게 되었을 때 이 심연은 채워져야 했다. 과거의 물리학자는 유체의 수를 늘려 괜한 존재들을 만들어 냈을 뿐만 아니라 참된 관계들마저 끊어 버렸다.

이론은 잘못된 관계를 단정하지 않는 것만으로는 충분하지 않다. 참된 관계를 은폐해서도 안 되는 것이다.

그런데 에테르는 실재하는가?

우리는 에테르에 대한 신념이 어디에서 비롯되었는지 알고 있다. 만일 빛이 멀리 떨어진 별로부터 여러 해에 걸쳐 우리에게 도달한다면, 그동안 빛은 그 별에도 지구에도 있지 않으므로 어디에선가, 이를테면 어떤 물질에 의해 떠받쳐져 있어야 한다.

이와 같은 생각을 더 수학적이고 추상적인 형태로도 표현할 수 있다. 우리가 확인하는 것은 물질의 입자가 받는 변화다. 예컨대 [전체] 사진건판은 눈부시게 밝은 별 무리 현상의 영향을 받는데, 이는 수년 전의 광경이다. 그런데 통상적인 역학에서 연구되는 계의 상태는 바로 직전 순간에서의 상태에만 의존하기 때문에 그 계는 미분방정식을 만족시킨다. 반면, 우리가 에테르를 믿지 않는다면, 물질적 우주의 상태는 바로 직전 상태뿐만 아니라 훨씬 더 오래된 상태에도 의존하게 될 것이다. 즉, 그 계는 유한차분 방정식을 만족시킬 것이다. 에테르를 고안해 낸 것은 역학의 일반법칙에 대한 저촉을 피하기 위한 것이다.

그렇다면 우리는 천체 간의 공백을 단지 에테르로 채우기만 하면 될 뿐, 물질적 매질의 한가운데까지 침투시킬 필요는 없는 것이다. 피조Hippolyte Fizeau의 실험은 한 걸음 더 나아간다. 그의 실험은 운동하고 있는 공기 또는 물을 통과하는 빛의 간섭을 통해, 서로 침투하여 뒤섞여 있으면서도 서로에 대해 상대적으로 이동하는 상이한 두 매질을 보여 주는 것 같다. 사람들은 에테르가 거의 손에 잡히게 되었다고 믿었다.

그렇지만 에테르를 더 가까이서 포착할 수 있는 실험도 생각할 수 있다. 작용과 반작용의 크기가 같다는 뉴턴의 원리가 만일 물질 단독에만 적용된다면 더 이상 참이 아니고, 이를 증명할 수 있다고 가정하자. 그러면 물질의 모든 입자에 가해지는 힘 전체의 기하학적 합은 더 이상 0이 아니게 된다. 역학 전체를 바꾸고 싶지 않다면, 에테르를 도입해서 물질이 받는다고 생각되는 이 작용을 무언가에 대한 물질의 반작용으로 상쇄시켜야 한다.

아니면 광학적 현상과 전기적 현상이 지구의 운동에 영향을 받는다는 것을 알게 되었다고 가정하자. 이때 이 현상들은 물체의 상대운동뿐만 아니라 절대운동이라 생각되는 것도 보여 줄 수 있을 것이라 결론짓게 될 것이다. 이른바 절대운동이라는 것이 빈 공간에 대한 변위가 아니라 구체적인 어떤 것에 대한 변위이기 위해서는 또다시 에테르가 존재해야 한다.

언젠가 그렇게 될 수 있을까? 나는 기대할 수 없다고 생각하며 그 이유는 곧 밝히겠다. 하지만 이러한 기대가 그리 터무니없는 것만은 아닌데, 그에 대한 희망을 품고 있는 이들도 있기 때문이다.

예를 들어 로렌츠Hendrik Lorentz의 이론이 — 이에 대해서는 '전기역학'에서 상세하게 다루겠지만 — 참이라면, 뉴턴의 원리가 물질 단독에만 적용되지는 않을 것이고, 그로 인한 차이는 실험적 접근이 가능할 것이다.

다른 한편으로 지구 운동의 영향에 관해 많은 연구가 이루어져 왔지만, 그 결과는 항상 부정적이었다. 하지만 이러한 실험이 시도된 것은 실험 전에 미리 확신할 수 없었기 때문이다. 게다가 주류를 이루는 이론에 의해서도 근사적으로만 그 영향을 상쇄할 수 있었으며, 더 정밀한 방법을 찾으면 긍정적인 결과를 얻을 수 있을 것이라 기대하고 있었다.

나는 그런 희망은 착각이라 생각한다. 하지만 그러한 유형의 성공이 어떤 의미에서는 우리에게 새로운 세상을 열어 보여 준다는 것 또한 흥미롭다.

이제 잠시 여담을 해야겠다. 왜 나는 로렌츠와 달리, 언젠가 더 정밀한 관찰을 통해 물체의 상대적 변위 이외의 것을 밝힐 수 있을 것이라 믿지 않는지에 대해 설명해야 한다. 일위一位의 항들을 찾아내야 할 실험이 진행되어 왔지만, 그 결과는 부정적이었다. 그것은 우연이었을까? 아무도 인정하지 않아 보편적인 설명이 필요했고, 바로 로렌츠가 찾아냈다. 그는 일위의 항들은 상쇄되어야 하지만, 이위二位의 항들에 대해서는 그렇지 않다는 것을 보여 주었다. 그래서 더 정밀한 실험이 이루어졌지만 이 또한 부정적이었고, 더 이상 우연의 결과일 리도 없었다. 설명이 필요했고, 늘 그렇듯 마련되었다. 가설이란 가장 부족함 없는 자본인 것이다.

하지만 그것으로 충분하지 않다. 이는 우연에 너무나 큰 역할을 맡기는 것이라고 느끼지 않을 이가 있을까? 어떤 환경은 적절히 일위의 항들을 상쇄하고, 이와는 완전히 다르지만 또한 시의적절한 어떤 환경은 이위의 항들을 상쇄할 것이라는 이 기묘한 일치 또한 우연이 아닐까? 아니다. 두 경우에 맞는 동일한 설명을 찾아내야 하며, 이 모든 상황으로 보아 이 설명은 상위의 항들에도 똑같이 적용될 것이고, 이 항들의 상쇄는 엄밀하고 절대적일 것이다.

물리학의 현재 상태

물리학 발전의 역사에서는 상반되는 두 경향이 구별된다. 한편으로는 영원히 분리되어 있을 수밖에 없다고 생각되는 대상들 사이의 새로운 관계가 끊임없이 발견된다. 흩어져 있는 사실들은 서로 무관하지 않고, 웅대한 종합으로서 정연해지는 경향이 있다. 과학은 통일성과 단순성을 향해 나아가는 것이다.

다른 한편으로는 관측을 통해 날마다 새로운 현상들이 밝혀진다. 현상들은 자리를 배정받는 데 오랜 시간을 기다려야 하고, 자리를 마련하기 위해서는 건물의 한 구석을 파괴해야 할 때도 있다. 조잡한 감각을 통해 균일하게만 보였던 기지의 현상에서조차 우리는 나날이 다양해지는 세부적인 면을 알아보게 된다. 단순하다고 믿었던 것은 복잡해지고, 과학은 다양성과 복잡성을 향해 나아가는 듯 보인다.

서로 돌아가며 성공을 거두는 것처럼 보이는 이 상반되는 두 경향 가운데 결국 승리하는 것은 어느 쪽일까? 전자의 승리라면 과학은 가능하다. 하지만 그 무엇도 이를 선험적으로 증명할 수 없으며, 통일성에 대한 우리의 이상理想에 자연을 억지로 부합시키려 쏟은 헛된 노력 이후에 계속해서 새로운 풍요의 밀물이 올라오고 범람하기 때문에 우리는 결국 분류하기를 그만두고 이상을 단념하여, 과학을 수없이 많은 처방의 기록으로 한정시켜야 할 위험성이 있다.

이러한 문제에 우리는 답할 수 없다. 단지 오늘의 과학을 관찰하고 어제의 과학과 비교할 수 있을 뿐이며, 틀림없이 거기에서 약간의 포부를 품을 수 있을 것이다.

반세기 전에는 기대가 최고조에 달했다. 에너지의 보존과 변환의 발견으로 힘의 통일성이 막 드러나던 때였다. 또한 그 발견으로 열의 현상이 입자의 운동으로 설명될 수 있음을 알게 되었다. 이 운동의 본성이 무엇인지 정확히 알지는 못했지만, 곧 알게 되리라 믿어 의심치 않았다. 빛에 대해서는 작업이 완수된 것처럼 보였다. 전기에 관해서는 그만큼 진척되지는 못했지만, 전기가 막 자기를 통합하던 때였다. 이는 통일성을 향한 중대하고 결정적인 발걸음이었다. 그런데 전기는 어떻게 일반적 통일성 내에 들어가고 보편적 기계론으로 귀착될 수 있을까? 이에 관해 어떤 생각도 떠올릴 수 없었지만, 이러한 환원의 가능성에 대해서는 아무도 의문시하지 않았다. 신념이 있었던 것이다. 결국 물체의 입자적 속성에 관해서는 환원이 더 쉬워 보였지만, 세부적인 것은 전부 오리무중이었다. 한마디로 희망은 원대하고 강렬했으나 막연했던 것이다.

오늘날 우리는 무엇을 보는가?

먼저 제일의 진보, 거대한 진보다. 이제 전기와 빛의 관계는 잘 알려져 있다. 예전에 분리되어 있던 빛, 전기, 자기의 세 영역은 이제 하나가 되었고, 이 통합은 결정적인 것이라 생각된다.

하지만 이 성취를 위해 얼마간의 희생을 치러야만 했다. 광학적 현상은 전기적 현상의 특수한 경우가 되어 버렸는데, 광학적 현상이 분리되어 있는 한, 이를 우리가 속속들이 안다고 믿었던 운동들을 통해 설명하는 것이 쉽고 순조로웠지만, 이제는 설명이 받아들여지려면 무난하게 전기학의 영역 전체로 확장되어야 한다. 그러나 이는 막힘없이 나아갈 수 있는 것이 아니다.

우리에게 가장 만족스러운 것은, '전기역학'에서 살펴보겠지만, 바로 전류를 대전된 작은 입자들의 운동을 통해 설명하는 로렌츠의 이론이다. 이는 의심할 나위 없이 알려진 사실을 가장 잘 설명하고 가장 많은 수의 참된 관계들을 드러내며, 결정적인 건축물에 가장 큰 기여를 하는 것이다. 그런데도 이 이론에는 위에서 언급했던 중대한 결함이 있다. 즉, 작용과 반작용의 크기가 같다는 뉴턴의 원리와 모순된다는 것이다. 정확히 말해 로렌츠의 눈으로 보면 이 원리는 물질 단독에만 적용할 수는 없을 것이다. 이것이 참이기 위해서는 에테르가 물질에 미치는 작용과 물질이 에테르에 미치는 반작용을 고려해야 한다. 그런데 상황이 변할 때까지는 이런 식으로 진행될 것 같지는 않다.

어쨌든 로렌츠의 이론 덕분에 운동하는 물체의 광학에 관한 피조의 결과와 정상 및 이상 분산의 법칙, 흡수의 법칙은 서로 간에, 그리고 에테르의 다른 성질들과 결코 끊어지지 않을 끈으로 묶이게 된다. 제만Pieter Zeeman의 새로운 현상이 딱 알맞은 자리를 얼마나 쉽게 얻었는지, 심지어 맥스웰의 노력도 소용없었던 패러데이Michael Faraday의 자기회전磁氣回轉을 분류하는 데 얼마나 쉽게 기여했는지를 보라. 이 용이함은 로렌츠의 이론이 해체될 운명에 처한 인공적인 조립물이 아니라는 것을 확실하게 말해 준다. 그의 이론은 수정은 해야겠지만 파괴할 필요는 없을 것이다.

그러나 로렌츠는 운동하는 물체의 광학 및 전기역학 전체를 동일 집합 내에 포괄하는 것 외에 별다른 야심이 없었다. 거기에 역학적 설명을 부여하려는 포부는 없었던 것이다. 라머가 한 발 더 나아가 본질적인 부분에서는 로렌츠의 이론을 유지하되, 에테르의 운동 방향에 관한 매큘러James MacCullagh의 생각을 접목했다. 그에게 에테르의 속도는 자기력과 동일한 방향과 크기를 가지므로 실험을 통해 자기력을 측정할 수 있는 한 이 속도는 알 수 있는 것이다. 이러한 시도가 아무리 기발해도 로렌츠 이론의 결함은 그대로 남아 있고, 오히려 악화된다. 작용과 반작용은 크기가 다르다. 로렌츠에 따르면, 우리는 에테르의 운동이 어떤 것인지 알지 못한다. 이러한 무지 덕분에, 이 운동이 물질의 운동을 보상하여 작용과 반작용의 법칙을 회복시킨다고 가정할 수 있었다. 라머에 따르면, 우리는 에테르의 운동을 알고 있으며 보상이 일어나지 않음을 입증할 수 있다.

만일 라머가 틀렸다면, 내 생각도 그러하지만 역학적 설명이 불가능해진다는 것을 의미할까? 천만의 말씀. 위에서 나는 어떤 현상이 에너지와 최소작용의 두 원리에 따르는 한, 무수한 역학적 설명이 허용된다고 말했다. 이는 광학적 현상과 전기적 현상에 대해서도 마찬가지다.

하지만 이것만으로는 충분하지 않다. 역학적 설명은 단순해야 좋다. 가능한 모든 설명 가운데 하나를 고르기 위해서는 선택적 필요성 이상의 다른 이유가 있어야 한다. 그런데 이 조건을 만족시키는 어떤 쓸모 있는 이론이 아직 우리에게는 없다. 이에 대해 불평해야 할까? 그렇다면 우리가 추구해 온 목적을 망각하는 것이리라. 참되고 유일한 목적은 기계론이 아니라 바로 통일성이다.

따라서 우리의 야심에 제한을 두어야 한다. 역학적 설명을 공식화하려 하지 말고, 우리가 원하기만 하면 언제든 찾아낼 수 있다는 것을 보여 주는 데 만족하자. 이러한 점에서는 성공했다. 에너지 보존의 원리는 늘 새로이 확증되어 왔고, 두 번째 원리인 최소작용의 원리도 물리학에 적합한 형태를 띠면서 합류했다. 이 또한 적어도 라그랑주 방정식, 즉 역학의 가장 일반적인 법칙에 따르는 가역적 현상에 관한 한 늘 검증을 받아 온 것이다.

비가역적 현상은 훨씬 다루기 어렵다. 하지만 이 또한 정연해져 통일성 내에 들어오려는 경향이 있다. 그것을 밝혀 준 빛은 카르노의 원리에서 나왔다. 오랫동안 열역학은 물체의 팽창과 그 상태변화의 연구에 국한되어 있었지만, 얼마 전부터는 대담하게도 그 영역을 엄청나게 확장했다. 우리는 그로부터 전지電池와 열전기 현상의 이론들을 힘입고 있다. 물리학 전체에 열역학적 탐구가 이루어지지 않은 구석이 없으며, 심지어 화학의 영역까지도 침범했다. 도처에서 동일한 법칙이 지배하는 것이다. 서로 다른 형태를 띠고 있을지라도 어디서든 카르노의 원리를 찾아낼 수 있고, 대단히 추상적인 개념인 엔트로피를 어디서든 발견할 수 있다. 엔트로피는 에너지의 개념과 마찬가지로 보편적이고, 실재를 감추고 있다고 생각된다. 복사열은 그로부터 벗어나 있을 것이라 생각되었지만, 최근 동일한 법칙에 따른다는 것을 알게 되었다.

이러한 방식으로 흔히 세부에 걸쳐 추구되는 새로운 유사성이 드러났다. 옴 저항은 유체의 점성과 유사하고, 히스테리시스는 오히려 고체의 마찰과 유사할 것이다. 어떤 경우든 마찰은 비가역적 현상들이 가장 잘 모방하는 전형이며, 이러한 동족성은 실재적·심층적인 것이다.

또한 이러한 현상들에 대한 본래적 의미에서의 역학적 설명이 모색되었지만, 이 현상들은 그러한 설명에 그다지 적합하지 않았다. 이를 구하기 위해서 비가역성은 겉보기에 불과할 뿐이며, 기본현상들은 가역적이고 알려져 있는 역학의 법칙들에 따른다고 가정해야 했다. 그러나 그 요소들은 극히 많고 더욱더 뒤섞여 우리의 조잡한 눈으로는 전부 획일화되어 가는 것처럼, 즉 전부 같은 방향으로만 나아가 되돌아올 가망이 없는 듯 보인다. 이처럼 외견상의 비가역성은 큰 수의 법칙의 결과에 불과한 것이다. 맥스웰의 도깨비처럼 감각이 무한히 예민한 존재만이 뒤얽힌 실타래를 풀고 세계를 되돌릴 수 있을 것이다.

기체운동론과 결부되어 있는 이러한 개념은 많은 노력에도 결국 매우 근소한 결과밖에 내지 못했지만, 언젠가는 많은 결과를 낼 수 있을 것이다. 그런데 이 개념이 모순된 것은 아닌지, 사물의 참된 본성에 부합하는지에 대해서는 여기서 검토할 수 없다.

브라운운동에 관한 구이Louis Georges Gouy의 독창적인 사유에 주목해보자. 그에 따르면 이 독특한 운동은 카르노의 원리에서 벗어난다. 이 운동에 의해 움직이는 입자들은 매우 촘촘한 실타래의 틈보다도 작기 때문에 실타래를 풀고, 그에 따라 세계를 흐름에 역행하여 나아가도록 할 수 있다. 이것은 마치 맥스웰의 도깨비가 일하는 것처럼 보일 것이다.

요컨대 오래전부터 알려져 있는 현상은 점점 더 잘 분류된다. 하지만 새로 나타난 현상은 자신의 자리를 요구하는데, 그 가운데 대다수는 제만 효과처럼 즉시 자리를 차지했다.

이 외에 음극선과 X선, 우라늄선과 라듐선도 그러하다. 거기에는 그 누구도 짐작하지 못했던 하나의 온전한 세계가 있다. 얼마나 많은 뜻밖의 손님들에게 자리를 내주어야 할지!

그것들이 어느 위치를 점할지 아직 아무도 예견할 수 없지만, 나는 그것들이 보편적 통일성을 파괴하기는커녕 오히려 보완할 것이라 믿는다. 실제 한편으로 이 새로운 방사선들은 발광현상과 결부되어 있다고 생각되는데, 단지 형광을 들뜨게 할 뿐만 아니라 때로는 형광과 동일한 조건에서 생겨나기도 하기 때문이다.

다른 한편으로 그것들은 자외선의 작용에 의한 전기불꽃을 일으키는 원인과도 동족성을 이룬다.

끝으로 이 모든 현상에서 활성화된 참된 이온, 확실히 전해질 내에서 비교되지 않을 정도로 빠르게 움직이는 이온을 발견할 수 있으리라 생각된다.

이 모든 것은 상당히 모호하지만 분명해질 것이다.

인광燐光, 불꽃에 대한 빛의 작용, 이것들은 다소 고립된 구역에 속해 있어 연구자들에게 다소 방치되어 있었지만, 이제는 과학 일반과의 교류를 촉진시킬 새로운 연결망이 구축될 것이라 기대할 수 있게 되었다.

새로운 현상이 발견되기도 하겠지만, 우리가 알고 있다고 믿는 현상에서도 의외의 측면이 드러날 것이다. 자유로운 에테르 내에서 법칙들은 그 장엄한 단순성을 보전하고 있지만, 본래적 의미에서 물질은 점점 더 복잡해지는 것 같다. 이에 대해 말할 수 있는 것은 어디까지나 근사적일 뿐이고, 우리의 공식은 끊임없이 새로운 항을 요구한다.

그런데도 그 틀은 깨어지지 않는다. 단순하다고 생각했던 대상들 사이에서 발견된 관계는 그 복잡성을 알게 되었을 때도 여전히 동일 대상들 사이에 존속하는데, 이것만이 유일하게 중요한 것이다. 확실히 우리의 방정식은 자연의 복잡성을 더 상세히 포착하기 위해 더욱더 복잡해지지만, 이 하나하나의 방정식을 도출 가능하게 해 주는 관계에는 아무런 변화도 없다. 한마디로 이 방정식들의 형식은 그대로 남아 있는 것이다.

반사의 법칙을 예로 들어 보자. 프레넬은 실험을 통해 확증되었다고 생각되는 간단하고 매력적인 이론으로서 이 법칙을 구축했다. 그 후 더욱 정밀한 연구를 통해 그 검증은 근사적일 뿐이라는 것이 증명되었고, 타원편광의 흔적이 도처에서 발견되었다. 하지만 일차근사의 도움 덕분에 이러한 비정상의 원인은 전이층轉移層의 존재에 있다는 것이 즉시 알려졌다. 프레넬의 이론은 본질적인 점에서는 존속하고 있었던 것이다.

다만 다음과 같은 사항에 주의를 기울이지 않을 수 없다. 만일 관계들이 연관짓는 대상들의 복잡성이 처음부터 의심받았다면, 이 모든 관계는 눈에 띄지 않은 채로 있었을 것이다. 오래된 이야기지만 만일 티코가 열 배나 정밀한 기구를 사용했다면, 케플러나 뉴턴도, 그리고 천문학도 존재하지 않았을 것이다. 관측 수단이 완벽해지고 나서 뒤늦게 과학이 시작되는 것은 불행한 일이다. 바로 오늘날 물리화학의 경우가 그렇다. 그 창시자들은 소수점 아래 셋째, 넷째 자리 때문에 전체적인 윤곽을 그리는 데 방해를 받지만, 다행히도 확고한 신념의 소유자들이다.

물질의 속성을 더 잘 알아 감에 따라 그것이 연속성에 지배받는 것을 보게 된다. 앤드루스Thomas Andrews와 반데르발스Johannes Diderik van der Waals의 작업 이후, 우리는 액체 상태에서 기체 상태로의 이행이 이루어지는 방식을 이해하고, 이 이행은 돌연한 것이 아님을 알게 되었다. 마찬가지로 액체 상태와 고체 상태 사이에도 심연은 없으며, 최근 학회의 보고에는 유체의 강성鋼性에 관한 연구와 고체의 유동에 관한 논문이 나란히 등장하고 있다.

이런 추세라면 단순성은 당연히 상실된다. 어떤 현상은 몇몇 직선으로 나타낼 수 있었지만, 이제는 이 선들을 다소 복잡한 곡선으로 이어야 한다. 그 대신 통일성을 얻는다. 이렇게 구분된 범주는 지성을 쉽게 해 주었지만 만족시키지는 못했다.

마침내 물리학의 방법은 새로운 영역, 즉 화학에 침투하여 물리화학을 탄생시켰다. 아직은 미숙하지만, 이로써 전기분해, 삼투, 이온의 운동과 같은 현상들이 서로 연결될 것으로 생각하고 있다.

지금까지의 간략한 설명에서 어떤 결론을 낼 수 있을까?

모든 것을 고려해 보면, 우리는 통일성에 근접해 왔다. 50년 전에 기대되었던 것만큼 빠르지는 않았고, 항상 예측된 경로만 따른 것도 아니었다. 하지만 결국 드넓은 영역을 손에 넣게 된 것이다.

확률론

독자 여러분은 이런 데서 확률론에 관한 고찰을 발견하고는 틀림없이 놀랄 것이다. 대체 확률론이 물리학의 방법과 무슨 관계가 있다는 것일까?

내가 제기할 문제가 여기서 해결되지는 않겠지만, 물리학에 관해 숙고하려는 철학자에게 자연스럽게 제기되는 것이다.

바로 앞의 '물리학에서의 가설'과 '근대물리학의 이론'에서 '확률'과 '우연'이라는 말을 여러 번 사용해야 했을 정도다.

앞서도 말했지만, "예견된 사실은 단지 있음직한 것일 뿐이다. 예견이 아무리 견고하게 확립된 것처럼 보일지라도 실험을 통해 반박되지 않을 것이라고 절대적으로 확신할 수는 없다. 하지만 그 확률은 우리가 실질적으로 만족할 수 있을 만큼 충분히 큰 경우가 많다."

나는 한 발 더 나아가 다음과 같이 덧붙였다.

"우리가 행하는 일반화에서 단순성에 대한 믿음이 어떤 역할을 하는지 살펴보자. 우리는 단순한 법칙을 수많은 특수한 경우에 대해 검증했으며, 그토록 자주 반복되는 이러한 부합이 단순한 우연의 결과라고 인정하기를 거부한다."

그렇다면 다수의 상황 속에서 물리학자는 자신의 운을 점치는 도박사와 동일한 입장에 처하게 된다. 귀납에 의해 추론할 때마다 다소간 의식적으로 확률의 계산을 사용할 수밖에 없는 것이다.

이러한 계산이 얼마나 가치 있고 신뢰할 만한 것인지 조금 더 상세히 검토하기 위해 '확률론'을 삽입하고 물리학의 방법에 대한 연구를 잠시 중단하게 되었다.

확률의 계산이라는 명칭 자체가 역설적이다. 확률이란 확실성과는 대조적으로 우리가 알지 못한다는 것인데, 어떻게 모르는 것을 계산할 수 있을까? 그렇지만 많은 탁월한 과학자가 이 계산에 종사했고, 과학이 여기서 얻은 바가 있다는 것을 부정할 수는 없다. 이렇게 눈에 띄는 모순을 어떻게 설명할 수 있을까?

확률은 정의되어 있는가? 정의될 수는 있을까? 될 수 없다면 어떻게 그것을 기반으로 추론할 수 있을까? 정의는 아주 간단하다고 사람들은 말할 것이다. 즉, 어떤 사건의 확률은 그 사건에 해당되는 경우의 수와 가능한 모든 경우의 수의 비율이다.

간단한 예로써 이 정의가 얼마나 불완전한지 알 수 있을 것이다. 2개의 주사위를 던진다. 이 2개의 주사위 가운데 적어도 한쪽의 눈이 6일 확률은 얼마인가? 각 주사위마다 서로 다른 6개의 눈이 나올 수 있다. 가능한 경우의 수는 $6 \times 6 = 36$이고, 해당되는 경우의 수는 11이므로 확률은 $\frac{11}{36}$이다.

이것은 정확한 풀이다. 그런데 두 주사위의 눈이 서로 다른 $\frac{6 \times 7}{2} = 21$개의 조합을 만들 수 있다고 할 수는 없을까? 이 조합들 가운데 여섯 가지가 조건에 맞으므로 확률은 $\frac{6}{21}$이다.

가능한 경우를 계산할 때, 왜 첫 번째 방법이 두 번째 방법보다 더 합당할까? 아무튼 정의에 의해 알 수 있는 것은 아니다.

따라서 다음과 같이 말함으로써 그 정의를 보완해야 한다. "모든 경우가 똑같이 있음직하다고 할 때, …… 가능한 모든 경우의 수와의 비율이다." 결국 있음직한 것을 정의하기 위해 있음직한 것을 이용할 수밖에 없다.

가능한 두 가지의 경우가 똑같이 있음직하다는 것은 어떻게 알 수 있을까? 규약에 의한 것일까? 각 문제의 도입부에 규약을 명시해 놓는다면 모든 일이 순조로울 것이다. 산술과 대수의 법칙들을 적용하기만 해도 철저한 계산이 가능하고, 그 결과는 의심의 여지가 없을 것이다. 하지만 이 결과를 조금이라도 응용하려고 하면 설정된 규약이 정당한 것임을 증명해야 하고, 우리가 피했다고 믿었던 어려움에 또다시 직면하게 된다.

어떤 규약을 채택해야 할지 상식만으로도 충분히 알 수 있다고 할 수 있을까? 여기 베르트랑Joseph Bertrand이 즐겨 다루었던 간단한 문제가 있다. "어떤 원에서 현의 길이가 그 원에 내접하는 정삼각형의 한 변의 길이보다 길 확률은 얼마인가?" 이 저명한 기하학자는 상식에 의해 똑같이 강요된다고 생각했던 2개의 규약을 차례로 채택하여, 한편으로는 $\frac{1}{2}$, 다른 한편으로는 $\frac{1}{3}$이라는 결과를 얻었던 것이다.

이 모든 것으로부터 이끌어진다고 생각되는 결론은, 확률론은 공허한 과학이라는 것, 우리가 상식이라 부르며 우리의 규약을 정당화해 주기를 바라는 막연한 직관을 경계해야 한다는 것이다.

그러나 우리는 이러한 결론에 동의할 수 없다. 이 막연한 직관을 무시할 수 없기 때문이다. 그것이 없다면 과학은 불가능하고 법칙을 발견하거나 적용할 수도 없다. 예컨대 뉴턴의 법칙을 진술할 권리가 우리에게 있을까? 물론 수많은 관측이 이와 일치하지만, 단지 우연의 결과는 아닐까? 게다가 이 법칙이 몇 세기 전부터 참이었다고 해도 내년에도 참일 것임을 어떻게 알 수 있을까? 이러한 이의에 대해 다음과 같이 답할 수밖에 없을 것이다. "거의 있음직하지 않다."

하지만 이 법칙을 받아들이자. 그 덕분에 나는 앞으로 한 해 동안 목성의 위치를 계산할 수 있다고 믿는다. 이렇게 믿을 권리가 있을까? 지금부터 그때 사이에 놀라운 속도로 움직이는 거대한 질량의 물체가 태양계 근처를 통과하여 예측하지 못한 섭동을 일으킬 가능성이 없을 것이라고 누가 말할 수 있을까? 이때도 유일한 대답은 다음과 같다. "거의 있음직하지 않다."

그렇다면 모든 과학은 확률론의 무의식적 적용에 지나지 않을 것이다. 확률론을 배척하는 것은 곧 과학을 모조리 배척하는 것이다.

확률론의 개입이 더욱 분명한 과학적 문제들에 대해서는 길게 논하지 않겠다. 최전선에 있는 것이 내삽의 문제인데, 이는 일정수의 함숫값을 알 때 그 중간에 있는 값들을 알아맞히려는 것이다.

또한 나중에 다시 논하겠지만, 유명한 관측오차의 이론을 예로 들겠다. 역시 잘 알려진 가설인 기체운동론을 인용할 것인데, 이 이론에서는 개개의 기체입자가 극히 복잡한 궤적을 그린다고 가정되어 있지만, 큰 수의 효과에 의해 평균적인 현상 — 오로지 이것만 관측될 수 있다 — 은 마리오트와 게이-뤼삭Joseph Louis Gay-Lussac의 간단한 법칙을 따른다.

이 이론들은 모두 큰 수의 법칙에 기초하기 때문에, 만일 확률론이 붕괴한다면 이것들 또한 틀림없이 휩쓸려 갈 것이다. 이 이론들은 한정된 관심만 가지므로 내삽에 관한 것을 제외하면 희생양이 되어도 우리는 기꺼이 감수할 수 있을 것이다.

그러나 앞서 말했듯이, 문제가 되는 것은 단지 이러한 부분적인 희생만이 아니라 의심받게 될 과학 전체의 정당성이다.

누군가는 분명 다음과 같이 말할 것이다. "우리는 무지하지만 행동해야 한다. 행동하기 위해 무지를 해소할 만큼 충분히 조사에 전념할 시간이 우리에게는 없다. 더구나 그러한 조사에는 무한한 시간이 필요할 것이다. 따라서 우리는 알지 못하는 채로 결단해야 한다. 되는 대로 결단하고, 별로 신뢰할 수 없는 규칙에 따라야만 하는 것이다. 내가 아는 바는 어떤 것이 참이라는 것이 아니라, 마치 그것이 참인 것처럼 행동하는 것이 내게 최선이라는 것이다." 확률론, 즉 과학은 실용적 가치밖에 갖지 않을 것이다.

불행하게도 이처럼 어려움은 사라지지 않는다. 도박사가 한바탕 벌이겠다고 내게 조언을 구한다. 만일 내가 조언을 해 준다면 확률론에서 영감을 얻겠지만, 성공을 보장해 주지는 못할 것이다. 이것을 나는 **주관적 확률**이라 부를 것이다. 이 경우에는 방금 대략적으로 언급한 설명에 만족할 것이다. 하지만 어떤 관찰자가 게임에 참석하여 모든 패를 기록하고, 그 게임은 오래 진행된다고 가정하자. 그의 수첩에서 기록을 발췌해 보면, 사건은 확률론의 법칙에 따라 분포되었음을 확인할 수 있을 것이다. 이것을 나는 **객관적 확률**이라 부를 것이며, 설명이 필요한 것은 바로 이러한 현상이다.

수많은 보험사가 확률론의 규칙을 적용하여 주주에게 배당금을 분배하고 있는데, 이 배당의 객관적 실재성은 이론의 여지가 없다. 하지만 이를 설명하려면 우리의 무지와 행동의 필요성을 내세우는 것만으로는 부족하다.

이처럼 절대적 회의주의는 통용되지 않는다. 우리는 신중해야 하지만 일제히 배격할 수도 없다. 필요한 것은 검토다.

I. 확률 문제의 분류

확률에 관해 생기는 문제들을 분류하기 위해서는 여러 다른 관점을 취할 수 있는데, 먼저 **일반성의 관점**에서 시작해 보자. 앞서 기술했듯이 확률이란, 어떤 사건의 경우의 수와 가능한 모든 경우의 수의 비율이다. 더 나은 용어가 없어 일반성이라 불리는 것은 가능한 경우의 수가 증가할수록 커진다. 그 수는 유한할 수 있는데, 예컨대 주사위 2개를 던진다고 생각하면 가능한 경우의 수는 36이 된다. 이것은 일반성의 첫 번째 단계다.

하지만 예컨대 원 내부의 한 점이 이 원에 내접하는 정사각형 내부에 있을 확률이 얼마인지 묻는다면, 가능한 경우의 수는 원 내부에 있는 점의 수로, 즉 무한하다. 이것은 일반성의 두 번째 단계다. 일반성은 더욱 증대될 수 있다. 어떤 함수가 주어진 조건을 만족할 확률을 생각하면, 가능한 경우는 떠올릴 수 있는 모든 함수의 수만큼 존재한다. 이것이 일반성의 세 번째 단계이며, 예컨대 유한 번의 관찰을 기반으로 하여 가장 개연성 높은 법칙을 이끌어 내려 할 때 사용한다.

전혀 다른 관점을 취할 수도 있다. 만일 우리가 무지하지 않았다면 확률은 존재하지 않았을 것이고, 확실성만 자리 잡고 있었을 것이다. 하지만 우리의 무지는 절대적일 수는 없다. 절대적이었다면 확률은 더더욱 존재하지 않았을 것이다. 왜냐하면 이 불확실한 과학에 도달하기 위해서조차 적어도 약간의 빛은 필요하기 때문이다. 따라서 확률의 문제는 무지의 깊이에 따라 분류될 수 있을 것이다.

수학에서는 이미 확률의 문제에 착수할 수 있게 되었다. 로그표에서 어떤 수를 무작위로 추출했을 때, 그 로그의 소수점 아래 다섯 번째 자리의 숫자가 9일 확률은 얼마인가? 누구나 망설임 없이 $\frac{1}{10}$이라 답할 것이다. 여기서 우리는 문제의 모든 소여를 파악하고 있다. 그 표의 도움 없이도 로그를 계산할 수 있지만, 사서 고생하기를 원치 않는다. 이것이 무지의 첫 번째 단계다.

물리학에서 우리의 무지는 더욱 깊다. 어떤 주어진 순간에 어떤 계의 상태는 두 가지 사항에 의존하는데, 바로 그 초기상태와 상태가 변하는 데 따르는 법칙이다. 만일 이 법칙과 초기상태를 동시에 알고 있다면, 하나의 수학적 문제만 해결하면 되기 때문에 무지의 첫 번째 단계로 내려가게 된다.

그러나 법칙은 알지만 초기상태를 모르는 경우가 종종 있다. 예를 들어 현재 소행성의 분포가 어떠한지를 묻는다면, 언제 어느 때나 케플러의 법칙을 따라 왔다는 것은 알지만, 그 초기분포가 어떠했는지는 알지 못한다.

기체운동론에서는 기체입자가 직선 궤적을 그리며 탄성체 충돌의 법칙에 따른다고 가정하지만, 그 초기속도에 대해서는 아무것도 모르기 때문에 현재속도에 대해서도 알지 못한다.

오로지 확률론만 입자들의 속도를 조합하여 그에 기인하는 평균적 현상들의 예측을 가능하게 해 준다. 이것이 무지의 두 번째 단계다.

끝으로, 초기조건뿐만 아니라 법칙 자체까지 알려지지 않은 경우도 있을 수 있는데, 이때 무지의 세 번째 단계에 들어서며 일반적으로 어떤 현상의 확률에 관해 아무것도 단정할 수 없다.

법칙에 관한 다소 불완전한 지식에 의거하여 어떤 사건을 추측하려는 것이 아니라, 사건을 알고 있는데 법칙을 찾으려는 경우도 흔히 있다. 원인에서 결과를 도출해 내는 대신, 결과에서 원인을 도출하려는 것이다. 이것은 원인의 확률이라는 문제이며, 과학적 응용의 관점에서 보면 가장 흥미로운 것이다.

아주 정직하다고 알고 있는 어떤 신사와 에카르테[카드놀이]를 할 때, 그의 차례에 킹이 뽑힐 확률은 얼마인가? $\frac{1}{8}$이다. 이것은 결과의 확률 문제다. 모르는 신사와 게임을 할 때, 그가 10번에 걸쳐 6장의 킹을 뽑았다면, 그가 사기꾼일 확률은 얼마인가? 이것은 원인의 확률 문제다.

이는 실험방법의 본질적 문제라고 할 수 있다. n개의 x값과 이에 대응하는 y값을 관측하고 이 값들의 비가 거의 일정하다는 것을 확인했다면, 여기에 사건이 있다. 원인은 무엇인가?

y는 x에 비례한다는 어떤 일반법칙이 존재하고, 근소한 분산은 관측의 오차에 의한 것일 개연성이 있을까? 이것은 우리가 끊임없이 제기하고 과학에 관여할 때마다 무의식적으로 풀게 되는 부류의 문제다.

이제 앞서 주관적 확률, 객관적 확률이라 불렀던 것을 차례로 살펴보고, 여러 종류의 문제를 검토해 보자.

II. 수리과학에서의 확률

원적문제[원과 동일한 넓이를 가진 정사각형을 작도하는 문제]의 불가능성은 1883년[실제로는 1882년]에 증명되었지만, 그보다 훨씬 이전에도 모든 기하학자가 그 불가능성을 매우 '있음직하다'고 여겨 해마다 몇몇 불행한 숙맥이 이에 관한 논문을 그토록 많이 제출했지만 과학아카데미에서는 검토하지도 않고 거부했을 정도였다.

아카데미가 틀렸을까? 분명 아니다. 그처럼 행동해도 확고한 발견을 억누를 위험은 전혀 없다는 것을 잘 알고 있었다. 아카데미는 스스로 옳다는 것을 증명할 수는 없었지만 자신의 직관이 잘못되지 않았음을 잘 알고 있었다. 만일 당신이 아카데미 회원들에게 따져 물었다면, 다음과 같은 답변을 들었을 것이다. "우리는 아주 오래전부터 시도되었지만 허사였던 것을 무명의 학자가 발견할 확률과 지구상에 또 한 명의 광인이 존재할 확률을 비교해 보았습니다만, 후자 쪽의 확률이 더 크다고 생각했습니다." 이는 매우 타당한 이유이기는 하지만 전혀 수학적이지 않고 순전히 심리학적인 것이다.

더 밀어붙였다면 그들은 다음과 같이 덧붙였을 것이다. "왜 초월함수의 어느 특정한 값은 대수적 수여야 하며, 예를 들어 π가 대수방정식의 근이라 해도 왜 이 근은 $\sin 2x$라는 함수의 주기여야 하고 그 방정식의 다른 근들은 그렇지 않은 걸까요?" 결국 그들은 가장 막연한 형태를 띤 충족이유율을 내세운 것이다.

하지만 그로부터 무엇을 이끌어 낼 수 있었을까? 기껏해야 일과를 위한 행동방침, 즉 정당한 의심을 불러일으키는 노작을 읽는 것보다는 통상적 업무에나 시간을 쓰는 편이 더 유익하다는 처세훈이다. 하지만 앞서 객관적 확률이라 부른 것은 원적문제와는 전혀 무관하다.

두 번째 문제는 이와 전혀 다르다.

로그표에 나와 있는 처음 1만 개의 로그를 살펴보자. 이 1만 개의 로그 가운데 하나를 무작위로 뽑는다면, 소수점 아래 셋째 자리의 숫자가 짝수일 확률은 얼마인가? 당신은 주저 없이 $\frac{1}{2}$이라 답할 것이고, 실제로 표에서 이 1만 개 수의 소수점 아래 셋째 자리를 확인해 보면 홀수와 짝수의 수가 거의 같다는 것을 알게 될 것이다.

아니면 이렇게도 할 수 있다. 위의 1만 개의 로그에 대응하는 1만 개의 수를 적어 보자. 대응하는 로그의 소수점 아래 셋째 자리의 숫자가 짝수라면 +1을, 홀수라면 −1이라 쓰자. 그러고 나서 이 1만 개 수의 평균을 구해 보자.

나는 아마도 0일 것이라 망설임 없이 말했을 것이고, 실제로 계산했더라도 매우 작은 수임을 확인했을 것이다.

하지만 이 확인마저도 불필요하다. 나는 이 평균이 0.003보다 작다는 것을 엄밀하게 증명할 수 있었기 때문이다. 이 결과를 얻기 위해서는 꽤 긴 계산을 해야겠지만 지면이 부족하므로, 『과학평론』*Revue générale des Sciences* 1899년 4월 15일자에 실린 나의 논문을 참조하기 바란다. 유일하게 주의를 당부하고 싶은 점은 다음과 같다. 이 계산에서는 두 가지 사실, 즉 로그의 일계도함수와 이계도함수는 일정한 구간에서 어떤 한도 내에 포함되어 있다는 사실에만 근거를 둘 필요가 있었다.

이로부터 이끌어지는 첫 번째 귀결은, 이 속성은 로그에서뿐만 아니라 임의의 연속함수에서도 참이라는 것이다. 모든 연속함수의 도함수도 어떤 한도 내에 있기 때문이다.

만일 내가 이 결과를 미리 확신하고 있었다면 다른 연속함수에 대해서도 유사한 사실을 자주 관찰해 왔기 때문이다. 또한 다소 무의식적이고 불완전한 방식이기는 하지만 마음속으로 위의 부등식을 이끈 추론을 했기 때문이기도 하다. 이는 마치 숙달된 계산원이 곱셈을 채 마치기도 전에 "대충 이 정도의 값이 나오겠다"고 알아차리는 것과 같다.

게다가 내가 직관이라 부른 것은 일련의 참된 추론의 불완전한 전망에 불과했기 때문에, 관찰을 통해 나의 예측이 확인되었다는 것, 그리고 객관적 확률이 주관적 확률과 일치되었다는 것을 이해할 수 있다.

세 번째 예로서 다음과 같은 문제를 들어 보자. 어떤 수 u를 무작위로 택하고, n을 주어진 매우 큰 정수라고 할 때, $\sin nu$의 개연적 값은 얼마인가? 이 문제는 그 자체로는 아무런 의미도 없다. 의미를 부여하려면 하나의 규약이 필요하다. 우리는 u라는 수가 a와 $a + da$ 사이에 놓일 확률은 $\varphi(a)da$와 같다고 '규약'할 것이다. 따라서 이 확률은 무한히 작은 구간의 길이 da에 비례하고, 여기에 a에만 의존하는 함수 $\varphi(a)$를 곱한 값과 같다고 할 것이다. 이 함수는 임의로 고른 것이지만 연속이라고 가정해야 한다. $\sin nu$의 값은 u가 2π씩 증가할 때마다 같으므로 일반성을 제한하지 않고도 u가 0과 2π 사이에 있다고 가정할 수 있고, 따라서 $\varphi(a)$는 주기가 2π인 주기함수라 가정하게 될 것이다.

우리가 구하는 개연적 값은 간단한 적분을 이용하면 손쉽게 표현되는데, M_k를 $\varphi(u)$의 k계도함수의 최댓값이라 할 때, 이 적분이 다음 식보다 작다는 것을 쉽게 보여 줄 수 있다.

$$\frac{2\pi \mathrm{M}_k}{n^k}$$

그래서 만일 k계도함수가 유한하다면 n이 무한히 커짐에 따라 개연적 값은 0에 한없이 가까워지고, 이는 $\dfrac{1}{n^{k-1}}$보다 빠르다는 것을 알 수 있다.

따라서 n이 매우 클 때 $\sin nu$의 개연적 값은 0이다. 이 값을 정의하는 데는 하나의 규약이 필요하지만 그 규약이 무엇이든 결과는 동일하다. 나는 함수 $\varphi(a)$가 연속이며 주기적이라고 가정한다는 미미한 제한만 했고, 이 가설은 너무나 자연스러워서 이로부터 벗어나기 힘들 정도다.

이상의 세 가지 예는 모든 면에서 서로 다르지만, 그것을 검토하면서 한편으로는 철학자들이 충족이유율이라 부르는 것의 역할을, 다른 한편으로는 어떤 속성이 모든 연속함수에 공통된다는 사실의 중요성을 어렴풋이나마 알 수 있었다. 물리학적 확률의 연구 또한 동일한 결과를 이끌어 낼 것이다.

III. 물리과학에서의 확률

이제 앞에서 무지의 두 번째 단계라 했던 것과 관련된 문제, 즉 법칙은 알지만 계의 초기상태를 모르는 문제에 접근해 보자. 예는 얼마든지 늘릴 수 있지만 하나만 들어 보겠다. 현재 황도대 위에 있는 소행성들의 개연적 분포는 어떠한가?

우리는 소행성들이 케플러의 법칙을 따른다는 것을 알고 있고, 심지어 문제의 본질을 전혀 변화시키지 않고서도 그 궤도가 전부 원이며 우리가 알고 있는 동일 평면에 위치한다고 가정할 수 있다. 반면 그 초기 분포에 대해서는 전적으로 무지하다. 그렇지만 우리는 이 분포가 지금도 거의 변함없다고 거리낌 없이 단정한다. 왜일까?

최초의 시각, 즉 시각이 0일 때 어떤 소행성의 경도를 b라 하고 그 평균운동을 a라 하면 현재 시각, 즉 시각이 t일 때 그 경도는 $at+b$일 것이다. 현재 분포가 변함없다는 것은 여러 $at+b$의 사인과 코사인의 평균값이 0이라는 것인데, 왜 그렇게 단정하는가?

각각의 소행성을 평면 위의 한 점, 즉 좌표가 a와 b인 점으로 표시해 보자. 이 모든 대표점은 평면의 어떤 영역 내에 포함되겠지만 그 수가 너무나 많기 때문에 이 영역은 온통 점으로 뒤덮일 것이다. 그 밖에 이 점들의 분포에 대해서는 아무것도 알지 못한다.

이와 같은 문제에 확률론을 적용시키려면 어떻게 해야 할까? 하나 또는 여러 대표점이 평면의 어느 한 부분에 존재할 확률은 얼마인가? 무지한 우리는 자의적인 가설을 세울 수밖에 없고, 이러한 가설의 본성을 설명하기 위해 수학적 공식 대신 조잡하면서도 구체적인 이미지를 이용하려 한다. 그 평면의 표면에 밀도가 연속적으로 변하는 어떤 가상의 물질이 뿌려져 있다고 가정하자. 이때 우리는 평면의 한 부분에 있는 대표점들의 개연적 수는 거기에 있는 가상물질의 양에 비례한다고 '규약'할 것이다. 만일 넓이가 같은 두 구역이 있다면, 소행성 하나의 대표점이 이 두 구역 중 한 구역 또는 다른 한 구역에 있을 확률은 각 구역에 있는 가상물질의 평균밀도에 비례할 것이다.

여기 2개의 분포를 생각할 수 있다. 하나는 현실적인 것으로, 대표점이 매우 많고 밀집해 있지만 마치 원자설에서 말하는 물질의 입자들처럼 이산적인 분포를 이룬다. 다른 하나는 현실과 동떨어진 것으로, 대표점들이 연속적인 가상물질로 대체되어 있는 분포를 이룬다. 우리는 후자가 현실적이지 않다는 것을 알고 있지만, 무지하기 때문에 채택할 수밖에 없다.

우리가 대표점의 현실적인 분포에 대해 어떤 관념을 가졌더라면, 임의의 넓이를 갖는 한 구역에서 이 연속적인 가상물질의 밀도가 대표점의 수에 거의 비례하도록, 혹은 이 구역에 포함되어 있는 원자의 수에 비례하도록 조처할 수 있었을 것이다. 하지만 이조차 불가능하며, 우리는 너무나 무지하여 가상물질의 밀도를 결정하는 함수를 어쩔 수 없이 자의적으로 선택하게 된다. 우리는 거의 피할 수 없는 하나의 가설만 강요받아 이 함수가 연속이라고 가정할 것이다. 앞으로 살펴보겠지만 하나의 결론에 이르는 데 이것만으로 충분하다.

시각이 t일 때 소행성의 개연적 분포는 어떠한가? 혹은 시각이 t일 때 그 경도의 개연적 사인값, 즉 $\sin(at+b)$는 얼마인가? 처음에 우리는 자의적인 규약을 세웠지만 그것을 채택한 이상 이 개연적 값은 완전히 결정되는 것이다. 평면을 표면의 요소들로 분해하고 각 요소의 중심에서 $\sin(at+b)$의 값을 검토해 보자. 이 값에 요소의 표면적과 이에 대응하는 가상물질의 밀도를 곱하고 평면 위의 모든 요소에 대해 구한 값을 전부 더하자. 정의에 따라 이 합은 우리가 구하려는 개연적 평균값이며,

이중적분으로 표현될 것이다.

처음에는 이 평균값이 가상물질의 밀도를 정의하는 함수 φ의 선택에 의존하고 함수 φ는 자의적이기 때문에, 자의적인 선택에 따라 어떠한 평균값이든 구할 수 있을 것이라 생각할 수 있다. 하지만 전혀 그렇지 않다.

간단한 계산을 해 보면 이 이중적분 값은 t가 증가함에 따라 매우 급격히 감소함을 알 수 있다.

이처럼 나는 여러 초기분포의 확률에 관해 어떤 가설을 세워야 할지 잘 몰랐지만, 어떤 가설을 세우든 결과는 같을 것이므로 곤경에서 벗어날 수 있는 것이다.

함수 φ가 어떤 것일지라도 t가 증가할수록 평균값은 0에 한없이 가까워지고, 소행성들은 틀림없이 엄청난 횟수의 공전을 해 왔을 것이기 때문에 이 평균값이 매우 작다고 단정할 수 있다.

φ를 원하는 대로 선택할 수 있지만 한 가지 제한이 있다. 바로 이 함수는 연속이어야 한다는 것이다. 그리고 실제로 주관적 확률의 관점에서 보면 불연속함수의 선택은 불합리했을 것이다. 예컨대 초기경도가 정확히 $0°$일 수는 있지만 $0°$와 $1°$ 사이에 있을 수는 없다고 가정하는 데는 어떤 이유가 있을까?

객관적 확률의 입장에서 보면 만일 대표점들이, 가상물질이 연속적이라 가정된 가공의 분포로부터 마치 이산적인 원자들처럼 이루어져 있는 현실적 분포로 이행한다면 어려움은 다시 나타난다.

$\sin(at+b)$의 평균값은 n을 소행성의 수라 할 때, 다음과 같이 아주 간단히 표현될 것이다.

$$\frac{1}{n}\sum\sin(at+b)$$

연속함수에 대한 이중적분 대신에 이산적인 항들의 합을 구하게 된다. 하지만 이 평균값이 실제로 매우 작다는 것을 진지하게 의심하는 이는 아무도 없을 것이다.

대표점들이 매우 밀집해 있기 때문에 이 개개의 합은 일반적으로 적분과 아주 근소한 차밖에 나지 않을 것이기 때문이다.

적분이란, 항의 수가 무한히 증가할 때 그 항들의 합이 한없이 가까워지는 극한이다. 항의 수가 매우 많으면 합은 그 극한, 즉 적분과 아주 근소한 차밖에 나지 않을 것이므로, 이산적인 항들의 합 자체도 여전히 참일 것이다.

그러나 예외적인 경우가 있다. 예컨대 모든 소행성에 대해 다음이 성립한다고 하자.

$$b=\frac{\pi}{2}-at$$

시각이 t일 때 모든 소행성의 경도는 $\frac{\pi}{2}$, 그 평균값은 분명 1이 될 것이다. 이를 위해서는 시각이 0일 때 소행성이 전부 일종의 나선, 매우 조밀하게 감긴 독특한 형태의 나선 위에 존재했어야 한다. 누구든 이러한 초기분포는 개연성이 매우 낮다고 판단할 것이다(설령 이것이 실현되었다고 가정되었을 때조차 그 분포는 현재, 예컨대 1900년 1월 1일에는 일정하지 않겠지만 몇 년 후에는 다시 그렇게 될 것이다).

그런데 왜 우리는 이러한 초기분포의 개연성이 낮다고 판단할까? 이는 설명이 필요한데, 만일 우리에게 이 기괴한 가설을 개연성이 낮다고 거부할 근거가 없으면 모든 것이 무너지고 더 이상 여러 현재적 분포의 확률에 관해 아무것도 단정할 수 없기 때문이다.

우리가 끌어들일 것은 또다시 충족이유율이다. 늘 거기로 되돌아가야 하는 것이다. 소행성은 초기에 거의 직선 형태로 분포되어 있었다고, 아니면 불규칙적으로 분포되어 있었다고 가정할 수도 있다. 하지만 이 소행성을 만들어 낸 미지의 원인이 그토록 규칙적이면서도 복잡한 곡선을 따라 작용했다는 것, 또 이 곡선은 바로 현재적 분포가 일정하지 않도록 일부러 선택된 것처럼 보인다는 것에 충족이유가 있다고는 생각되지 않는다.

IV. "적과 흑"

룰렛과 같은 도박에 의해 제기된 문제들은 방금 우리가 다룬 문제들과 본질적으로 매우 유사하다.

예를 들어 룰렛 휠은 빨강과 검정이 번갈아 나오는 다수의 균등한 컴파트먼트로 나뉘어 있고, 바늘이 힘껏 던져지면 여러 바퀴를 돈 후에 이 컴파트먼트 중 하나 앞에 멈춘다. 이 컴파트먼트가 빨강일 확률은 명백히 $\frac{1}{2}$이다.

바늘은 여러 바퀴의 회전을 포함하여 각 θ만큼 돌 것이다. 나는 그 각이 θ와 $\theta + d\theta$ 사이가 되도록 바늘이 던져질 확률이 얼마인지 알지 못하지만 하나의 규약을 정할 수는 있다. 이 확률이 $\varphi(\theta)d\theta$라고 가정할 수 있고, 함수 $\varphi(\theta)$에 관해 완전히 자의적으로 선택할 수 있는 것이다. 선택을 안내해 줄 수 있는 것은 아무것도 없다. 그렇지만 자연스럽게 이 함수를 연속이라고 가정하게 된다.

빨강과 검정으로 이루어진 각 컴파트먼트의 (단위원의 원주에서 측정된) 길이를 ε라 하자.

$\varphi(\theta)d\theta$를 한편으로는 모든 빨간 컴파트먼트에 대해, 다른 한편으로는 모든 검은 컴파트먼트에 대해 적분하고 그 결과를 비교해야 한다.

어느 빨간 컴파트먼트와 그에 인접한 검은 컴파트먼트를 포함하는 구간 2ε을 생각하고, 이 구간에서 함수 $\varphi(\theta)$의 최댓값과 최솟값을 각각 M과 m이라 하자. 빨간 컴파트먼트에 대해 적분한 것은 $\sum M\varepsilon$보다 작고, 검은 컴파트먼트에 대해 적분한 것은 $\sum M\varepsilon$보다 클 것이다. 따라서 그 차는 $\sum(M-m)\varepsilon$보다 작을 것이다. 하지만 함수 φ가 연속이라 가정되고 구간 ε이 바늘의 회전각에 비해 매우 작다면, 그 차 $M-m$은 매우 작을 것이다. 그러므로 두 적분의 차는 매우 작고, 우리가 구하는 확률은 $\frac{1}{2}$에 매우 근접할 것이다.

함수 φ에 대해 아무것도 모르는데도 마치 확률이 $\frac{1}{2}$인 것처럼 다루어야 한다는 것을 이해할 수 있다. 또한 객관적 입장에서 여러 게임을 지켜보면 왜 빨강과 검정이 거의 같은 수로 나오는지 설명된다.

모든 도박사는 이 객관적 법칙을 알고 있지만 별난 오류에 휩쓸려 버린다. 자주 지적받아 왔지만 또다시 오류에 빠져 버리는 것이다. 예컨대 빨강이 연달아 여섯 번 나오면 확신을 가지고 검정에 건다. 빨강이 일곱 번 연속으로 나오는 일은 아주 드물다고 생각하기 때문이다.

실제로 이길 확률은 여전히 $\frac{1}{2}$이다. 관찰이 보여 주듯, 빨강이 일곱 번 연속으로 나오는 일이 극히 드문 것은 사실이다. 하지만 연속으로 여섯 번 빨강이 나온 다음에 검정이 한 번 나오는 것 역시 드문 현상이다. 빨강이 연속으로 일곱 번 나오는 일이 드물다는 데는 주목했지만, 연속 여섯 번의 빨강과 한 번의 검정이 드물다는 데 주목하지 않는 것은, 오로지 이러한 배열이 주의를 덜 끌기 때문이다.

V. 원인의 확률

이제 '원인의 확률'의 문제에 이르렀다. 이는 과학적 응용의 관점에서 보면 가장 중요한 것이다. 예컨대 두 천체가 천구 위에 매우 접근해 있다고 하자. 이 접근은 단지 우연의 결과일까? 또한 이 천체들은 거의 같은 시선 위에 있어도 지구로부터의 거리가 크게 다른 곳에 위치해 있고, 따라서 서로 멀리 떨어져 있는 것일까? 아니면 실제로 접근해 있는 것일까? 이것은 '원인의 확률'의 한 문제다.

먼저 지금까지 다루어 온 '결과의 확률'의 모든 문제에 앞서, 항상 우리는 다소간 정당하다고 여겨지는 규약을 설정해야 했음을 상기하자. 설령 대개의 경우 결과가 규약에 어느 정도 독립적이었을지라도, 이는 예컨대 불연속함수를, 혹은 어떤 기괴한 규약들을 선험적으로 거부할 수 있도록 해 준 어떤 가설의 조건에 의해서만 그러했던 것이다.

원인의 확률을 다룰 때도 이와 유사한 것이 다시 발견될 것이다. 어떤 결과는 원인 A에 의해, 혹은 원인 B에 의해 나타날 수 있다. 결과는 방금 관찰되었고, 그것이 원인 A로 인한 확률을 구한다. 이것은 원인의 사후확률이다. 하지만 다소간 정당화된 규약이 원인 A가 작용할 사전확률을 미리 알려 주지 않는다면, 사후확률을 계산할 수 없다. 사전확률이란, 이 사건의 결과를 아직 알지 못하는 이들에 대한 이 사건의 확률을 의미한다.

더 나은 설명을 위해 위에서 언급한 에카르테의 예로 돌아가자. 상대가 첫 번째 패로 킹을 뽑았다. 그가 사기꾼일 확률은 얼마인가? 보통 알고 있는 공식에 따르면 $\frac{8}{9}$인데, 이는 참으로 놀라운 결과다. 더 자세히 검토해 보면, 이 계산은 마치 **게임 테이블에 앉기도 전에** 상대가 정직하지 못할 가능성이 절반이라고 간주한 것처럼 이루어졌음을 알 수 있다. 이는 불합리한 가설인데, 왜냐하면 이 경우 나는 틀림없이 그와 게임을 하지 않았을 것이기 때문이다. 이로써 그 결론의 불합리성이 설명된다.

사후확률의 계산이 받아들일 수 없는 결과를 이끌어 낸 것은 사전확률에 관한 규약이 정당화되지 않았기 때문이다. 따라서 사전규약은 매우 중요하다. 만일 이러한 규약이 전혀 설정되지 않았다면, 사후확률의 문제는 무의미하다고까지 할 수 있다. 규약은 명시적으로든 암묵적으로든 늘 세워야 하는 것이다.

더 과학적 성격을 지닌 예로 넘어가자. 나는 하나의 실험적 법칙을 결정하려고 한다. 이 법칙을 알면 하나의 곡선으로 나타낼 수 있다. 서로 분리된 관측을 몇 차례 하면 각각을 하나의 점으로 표시할 수 있는데, 이 상이한 점들을 지나는 하나의 곡선을 그린다. 이때 이 점들로부터 최대한 벗어나지 않으면서도 규칙적인 형태를 유지하고, 각진 부분 없이 너무 심하게 구부러지지 않도록 하며, 곡률반경에 급격한 변화가 없도록 한다. 이 곡선은 개연적인 법칙을 나타내며, 단지 관측된 값들의 중간에 있는 함숫값을 알게 해 줄 뿐만 아니라, 관측된 값조차도 직접 관측을 행한 것보다 더 정확하게 알게 해 준다(이 때문에 점 자체가 아니라 점 근처를 지나는 곡선을 그리는 것이다).

이것은 '원인의 확률' 문제다. 결과는 내가 기록한 측정이고, 두 가지 원인, 즉 현상의 참된 법칙과 관측오차의 조합에 의존한다. 결과를 안 후에는 현상이 여러 법칙에 따를 확률과 관측이 여러 오차의 영향을 받았을 확률을 구하는 것이 문제가 된다. 이때 가장 개연적인 법칙은 그려진 곡선에 해당되며, 관측의 가장 개연적인 오차는 그 관측값에 해당되는 점과 이 곡선과의 거리로 나타난다.

그러나 만일 모든 관측에 앞서 여러 법칙의 확률에 대해, 그리고 오차의 가능성에 대해 선험적 관념을 갖고 있지 않았다면, 이 문제는 아무런 의미도 없었을 것이다.

만일 좋은 기기를 갖고 있다면(그리고 관측하기 전부터 이를 알고 있었다면) 있는 그대로의 측정값을 나타내는 점들로부터 멀리 벗어나지 않도록 곡선을 그려야 한다. 만일 나쁜 기기라면 덜 구부러진 곡선을 얻기 위해 점들로부터 조금 더 멀어지게 그려도 좋다. 규칙성을 획득하기 위해 많은 것이 희생될 것이다.

그런데 왜 굴곡이 없는 곡선을 그리려 하는가? 연속함수(또는 그 고계 도함수가 작은 함수)로 나타나는 법칙이 이 조건을 만족하지 않는 법칙보다 더 개연성이 높다고 선험적으로 간주하기 때문이다. 이러한 믿음이 없다면 우리가 논하는 문제는 무의미할 것이다. 내삽도 불가능하고, 유한한 횟수의 관측으로는 어떠한 법칙도 이끌어 낼 수 없으므로 과학은 존재하지 않을 것이다.

50년 전에 물리학자들은 다른 조건이 모두 똑같다면 간단한 법칙이 복잡한 법칙보다 더 개연성이 높다고 여겼고, 이 원리를 내세워 르뇨Henri Victor Regnault의 실험에 맞서 마리오트의 법칙을 옹호하기까지 했다. 오늘날 이러한 믿음은 버려졌는데도 얼마나 자주 우리는 마치 그것이 여전히 유효한 것처럼 행동해야 했는지! 어쨌든 이 경향에서 남아 있는 것은 연속에 대한 믿음이며, 지금까지 보아 왔듯이 이 믿음마저 사라진다면 실험과학은 불가능해질 것이다.

VI. 오차론

이제 우리는 '원인의 확률' 문제와 직접 관련되어 있는 오차론에 관해 논하게 되었다. 여기서 다시 결과, 즉 서로 일치하지 않는 일정한 횟수의 관측을 확인하고 원인을 추측하려 한다. 원인이란, 한편으로는 측정할 양의 참값이고, 다른 한편으로는 각 분리된 관측에서 발생한 오차다. 우리는 각 오차의 개연적 크기가 사후적으로 얼마인지, 따라서 측정할 양의 개연적 값이 얼마인지 계산해야 한다.

하지만 방금 설명했듯이 만일 사전에, 즉 모든 관측에 앞서 오차의 확률에 관한 법칙을 받아들이지 않는다면, 이 계산에 착수할 수 없다. 그런데 오차의 법칙이라는 것이 존재할까?

모든 계산가가 받아들이는 오차의 법칙은 가우스의 법칙으로, '종형곡선鐘形曲線'이라는 이름으로 알려져 있는 일종의 초월곡선으로 나타난다.

하지만 먼저 계통오차와 우연오차의 고전적 구분을 상기하는 것이 좋겠다. 만일 어떤 길이를 너무 긴 미터로 측정한다면 항상 너무 작은 값을 얻을 것이고, 이를 여러 번 되풀이해도 소용없을 것이다. 이것은 계통오차다. 만일 정확한 미터로 측정한다면, 그래도 실수할지도 모르지만 때로는 더 큰 값을, 때로는 더 작은 값을 얻을 것이므로 수많은 측정값의 평균을 구하면 오차는 줄어들 것이다. 이것은 우연오차다.

먼저, 계통오차는 가우스의 법칙을 만족시키지 않는 것이 분명한데, 우연오차는 이 법칙을 만족시킬까? 수많은 증명이 시도되었지만 거의 대부분 조잡한 거짓 추리에 불과했다. 그럼에도 다음의 가설에서 출발하여 가우스의 법칙을 증명할 수 있다. 발생된 오차는 매우 많은 수의 부분적이고 독립적인 오차가 취합된 결과다. 각각의 부분적 오차는 극히 작고 어떠한 확률의 법칙이든 따른다. 다만 어떤 양陽의 오차의 확률은 이와 크기가 같고 부호가 반대인 오차의 확률과 같다고 하자. 이 조건들은 대체로 충족되지만 항상 그런 것은 아니며, 이것들을 만족시키는 오차를 위해 우연오차라는 이름을 마련해 두어도 좋다.

최소제곱법은 모든 경우에 정당한 것은 아니라고 알려져 있는데, 일반적으로 물리학자는 이 방법을 천문학자보다 더 불신한다. 천문학자는 물리학자와 마찬가지로 봉착하는 계통오차 외에도 극히 중요하고 완전히 우연적인 오차의 한 원인에 맞서야 하기 때문이다. 그 원인이란 바로 대기파동을 말한다. 그래서 물리학자와 천문학자가 관측법에 관해 논쟁하는 것을 들어 보면 참 흥미롭다. 물리학자는 한 번의 좋은 측정은 여러 번의 나쁜 측정보다 더 낫다고 확신하기 때문에 무엇보다도 신중을 기해서 마지막 계통오차까지 제거하려 힘쓰지만 천문학자는 이렇게 반박한다. "하지만 그렇게 하면 약간의 별밖에 관측할 수 없을 겁니다. 우연오차는 사라지지 않겠죠."

어떤 결론을 내려야 할까? 계속해서 최소제곱법을 적용해야 할까? 우리는 의심할 수 있는 모든 계통오차를 제거했다는 것, 여전히 오차가 남아 있다는 것을 잘 알고 있지만 발견할 수 없다는 것, 그렇지만 결심을 하고 개연적이라 할 수 있는 결정적인 값을 채택해야 한다는 것을 분명히 파악해야 한다. 이런 이유로 우리의 최선은 분명 가우스의 방법을 적용하는 것이다. 우리는 주관적 확률에 관계된 실질적 규칙을 적용했을 뿐이며, 이에 대해 어떤 이의도 있을 수 없는 것이다.

하지만 우리는 더 멀리 나아가 개연적 값이 얼마만큼 크다는 것뿐만 아니라, 결과에 수반된 개연적 오차 또한 얼마만큼 크다고 단정하려 하는데, 이는 절대 불가하다. 모든 계통오차가 제거되었다고 확신했을 때만 참인데, 우리는 그에 대해 절대적으로 아무것도 모르기 때문이다. 관측에는 두 계열이 있다. 최소제곱법을 적용해 보면 첫 번째 계열에 대한 개연적 오차는 두 번째 계열에 대한 것의 절반임을 알게 된다. 그렇지만 두 번째 계열은 첫 번째 계열보다 더 나을 수 있는데, 첫 번째 계열은 어쩌면 커다란 계통오차의 영향을 받고 있을지도 모르기 때문이다. 우리가 말할 수 있는 것은, 첫 번째 계열은 우연오차가 더 작기 때문에 **개연적으로** 두 번째 계열보다 나으리라는 것, 어느 한쪽 계열에 대한 계통오차가 다른 쪽 계열에 대한 것보다 크다고 단정하는 것은 이에 관해 절대적으로 무지하기 때문에 아무런 근거도 없다는 것이다.

VII. 결론

지금까지 많은 문제를 제기했지만 아무것도 해결하지 못했다. 하지만 나는 그것들에 대해 기술한 것을 후회하지 않는다. 독자 여러분을 이 까다로운 문제들에 관해 숙고하도록 이끌지도 모르기 때문이다.

어쨌든 잘 구축된 것처럼 보이는 점도 몇 가지 있다. 확률에서 어떤 계산이든 착수하려면, 그 계산이 어떤 의미를 가지려면 늘 어느 정도의 자의성을 포함하는 가설이나 규약을 출발점으로서 받아들여야 한다. 이러한 규약을 선택하는 데 우리는 충족이유율에 의해서만 인도될 수 있다. 불행히도 이 원리는 매우 모호하고 탄력적이어서 우리가 지금까지 행한 피상적인 시험에서도 서로 다른 여러 모습을 띠는 것을 볼 수 있었다. 가장 흔히 맞닥뜨리는 모습은 연속성에 대한 믿음이다. 이 믿음은 논리적으로 반박될 수 없는 추론에 의해 정당화되기는 힘들겠지만 이것이 없다면 모든 과학은 불가능할 것이다. 확률의 계산이 유익하게 적용될 수 있는 문제는 그 결과가 처음에 세워진 가설과 독립적인 경우이며, 이 때 이 가설은 오로지 연속성의 조건을 만족시켜야 한다.

광학과 전기학

프레넬의 이론

선택할 수 있는 가장 좋은 예[1]는 빛의 이론, 그리고 빛의 이론과 전기 이
론의 관계다. 프레넬 덕분에 광학은 물리학 가운데서도 가장 앞선 분과
가 되었다. 파동이론은 만족스러운 완전체를 형성하지만, 이 이론이 제
공할 수 없는 것을 요구해서는 안 된다.

　수학적 이론은 우리에게 사물의 참된 본성을 보여 주기 위한 것이 아
니므로 이를 바라는 것은 가당찮은 요구다. 수학적 이론의 유일한 목적
은, 실험을 통해 알게 되었지만 수학의 도움 없이는 명시조차 할 수 없

1　이 장은 나의 저서 『빛의 수학적 이론』 *Théorie Mathématique de la lumière*(Paris,
　Naud, 1889)과 『전기학과 광학』 *Electricité et Optique*(Paris, Naud, 1901)의 서문
　을 부분적으로 발췌한 것이다.

었을 물리학적 법칙들을 결속하는 것이다.

에테르가 실재하는지 아닌지는 우리에게 문제될 것이 없다. 이는 형이상학자들의 일이다. 우리에게 중요한 것은 모든 일이 마치 에테르가 존재하는 것처럼 일어나며, 이 가설은 현상들을 설명하는 데 편리하다는 것이다. 그런데 물질적인 대상의 존재를 믿어야 할 다른 이유가 있을까? 이 또한 편리한 가설일 뿐이다. 단지 이 가설은 끊임없이 존속하겠지만 에테르가 쓸모없다고 거부되는 날은 언젠가 틀림없이 올 것이다.

하지만 그런 날이 와도 광학의 법칙과 이를 해석적으로 표현하는 방정식은 적어도 일차근사로서는 계속 참일 것이다. 따라서 이 모든 방정식을 연결하는 학설을 연구하는 것은 언제나 유용할 것이다.

파동이론은 입자가설에 기반을 두고 있고, 이는 법칙의 원인을 발견할 수 있다고 믿는 이들에게는 이점이 된다. 하지만 다른 이들에게는 불신의 이유가 되는데, 이 불신 또한 전자의 착각만큼이나 정당화되기 힘들다고 생각된다.

이 가설은 부차적인 역할밖에 하지 못한다. 이를 희생시킬 수도 있지만 보통 그렇게 하지 않는 것은 그 설명이 명료함을 잃기 때문이며, 그것이 유일한 이유다.

실제로 더 자세히 들여다보면 입자가설에서는 두 가지 사항만 차용된다는 것을 알 수 있다. 바로 에너지 보존의 원리와 모든 작은 변동처럼 작은 운동에 대한 일반적 법칙이 되는 방정식의 선형형식이다.

이는 빛의 전자기이론이 채택되었을 때도 프레넬의 결론 대부분이 변함없이 존속하는지를 설명한다.

맥스웰의 이론

주지하다시피 서로 전혀 무관했던 물리학의 두 분과, 즉 광학과 전기학을 단단히 결합시킨 사람은 맥스웰이다. 이처럼 더 거대한 전체 속에, 더 높은 조화 속에 기반을 두고서도 프레넬의 광학은 생존력을 잃지 않았다. 그중 여러 부분은 존속해 있고, 그것의 상호 관계는 늘 일정하다. 다만 이를 표현하기 위해 사용되는 언어가 바뀌었을 뿐이다. 다른 한편으로 맥스웰은 광학의 여러 분과와 전기학의 영역 간에 생각지도 못했던 또 다른 관계를 밝혀 주었다.

프랑스의 독자가 처음으로 맥스웰의 책을 펼치면 우선 그에 대한 경탄이 불쾌감, 심지어는 불신감과 뒤섞인다. 오래도록 열중하고 많이 노력한 뒤에야 비로소 이러한 감정이 해소된다. 탁월한 지성의 소유자일지라도 이러한 감정에 계속 휩싸여 있을 정도다.

왜 이 영국인 과학자의 생각을 받아들이는 데 그토록 힘이 드는 것일까? 틀림없이 교양 있는 프랑스인 대다수가 다른 모든 가치에 앞서 정확성과 논리를 우선시하도록 하는 교육을 받았기 때문이다.

이 점에 대해서는 수리물리학의 고전적 이론이 우리를 완전히 만족시킨다. 라플라스에서 코시Augustin-Louis Cauchy에 이르기까지, 우리의 모든 스승은 같은 방식으로 나아갔다. 분명히 서술된 가설에서 출발하여 모든 귀결을 수학적으로 엄밀하게 도출한 후에 이를 실험 결과와 비교했다. 그들은 물리학의 모든 분과에 천체역학만큼의 정밀함을 부여하려고 했던 것 같다.

그러한 모델에 탄복하는 데 익숙해진 지성에게 이론이 만족스러울 리가 없다. 그런 자는 아주 근소한 모순이 드러나도 용인하지 않을 뿐더러 각 부분들이 서로 논리적으로 연관되기를, 서로 다른 가설의 수가 최소한으로 줄여지기를 요구할 것이다.

뿐만 아니라 더 비합리적으로 보이는 또 다른 요구 사항을 제기할 것이다. 우리의 감각으로써 파악하고 실험을 통해 알게 되는 물질의 이면에 또 다른 종류의 물질을 두려 하는 것이다. 이것이 그의 관점에서 유일한 참된 물질이며, 순수하게 기하학적인 성질만 갖고 그 물질을 이루는 원자는 역학의 법칙만 따르는 수학적인 점에 불과할 것이다. 하지만 그는 무의식적인 모순에 빠져 눈에 보이지도 않고 색깔도 없는 원자를 표상하고, 그에 따라 보통의 물질에 최대한 근접시키려 할 것이다.

그래야만 완전히 만족하고 우주의 비밀을 간파했다는 상상에 잠길 것이다. 비록 이러한 만족이 착각일지라도 여전히 그것을 포기하기 힘들 것이다.

이처럼 프랑스인은 맥스웰을 읽을 때, 에테르 가설에 근거한 물리광학과 마찬가지로 논리적이고 정밀한 이론체계를 발견하리라 기대한다. 결국 그는 스스로 실망할 준비를 하는 것이다. 독자가 이를 모면하기를 바라며, 맥스웰에게서 구해야 하는 것은 무엇인지, 또 구할 수 없는 것은 무엇인지 곧바로 알려야겠다.

맥스웰은 전기와 자기에 관한 역학적인 설명을 제공하지 않고, 그러한 설명이 가능하다는 것을 증명하는 데 그친다. 또한 그는 광학적 현상은 전자기적 현상의 한 특수한 경우에 지나지 않음을 보여 준다. 따라서 전기학 이론 전체로부터 빛의 이론을 직접 도출해 낼 수 있을 것이다.

하지만 안타깝게도 그 역은 성립하지 않는다. 빛에 관한 완벽한 설명으로부터 전기적 현상에 대한 완벽한 설명을 끌어내는 것은 항상 쉬운 일이 아니다. 특히 프레넬의 이론에서 출발하려 할 때 그렇다. 물론 불가능하지는 않지만, 그럼에도 우리가 결정적으로 얻었다고 믿는 놀라운 결과를 어쩔 수 없이 포기해야 하는지 자문해야 한다. 이는 뒷걸음치는 것처럼 보이며, 많은 현명한 지성은 그러한 단념을 감수하려 하지 않는다.

독자가 어느 정도 기대를 내려놓는다 해도 또 다른 어려움에 봉착할 것이다. 맥스웰은 독자적이고 결정적이며 질서 정연한 건물을 축조하려는 것이 아니라, 오히려 임시적이고 독립적인, 서로 간의 연락이 어렵고 때로는 불가능하기까지 한 수많은 구조물을 세우려 한 것 같다.

그 예로 전매질에서 작용하는 압력과 장력으로써 정전기 인력을 설명하는 한 장章을 들어 보자. 이 장을 삭제한다고 해서 그 저작의 나머지 부분이 조금이라도 불명확해지거나 불완전해지는 것은 아니다. 한편으로 그 자체가 충분한 이론을 포함하고 있어, 그 전후 내용을 단 한 줄도 읽지 않았어도 이해할 수 있는 것이다. 하지만 그 책의 나머지 부분에 독립적일 뿐만 아니라, 그 저작을 관류하는 기본적인 생각과 양립시키는 것도 곤란하다. 맥스웰은 이러한 양립을 시도조차 하지 않고 다음과 같이 말한다. "나는 다음 단계로 나아가는 것, 즉 역학적 고찰을 통해 전 매질 내의 이러한 변형력을 해명하는 것이 불가능했다."

이 예로 나의 생각이 충분히 설명되겠지만, 이 밖에도 인용할 수 있는 예는 많이 있다. 이처럼 자기적 회전편광에 할애된 부분을 읽고 광학적 현상과 자기적 현상 사이에 합치점이 있다는 것을 누가 의심할 수 있을까?

모든 모순을 회피했다고 착각하지 말고 모순을 받아들여야 한다. 사실 모순되는 두 이론은 뒤섞이지 않는 한, 그리고 그로부터 사물의 바탕을 구하려 하지 않는 한 둘 다 연구하는 데 유용한 도구가 될 수 있다. 만일 맥스웰이 분기된 새로운 길을 그토록 많이 열어 주지 않았다면 그의 작품을 읽어도 시사되는 바가 별로 없었을 것이다.

그러나 근본적 관념은 그런 식으로 다소 숨어 있다. 더 정확히 말하면, 이러한 관념은 속류과학의 저작들 대부분에서 유일하게 완전히 등한시된 점인 것이다.

그 중요성을 더 잘 강조하려면 이 근본적 관념이 어떤 것인지 설명해야 한다. 하지만 이를 위해서는 잠시 본론을 벗어날 필요가 있다.

물리현상의 역학적 설명

모든 물리현상에는 실험을 통해 직접 파악하고 측정할 수 있는 여러 매개변수가 존재한다. 이를 매개변수 q라 부르자.

관측을 통해 이 매개변수의 변동에 대한 법칙을 알 수 있는데, 이 법칙은 일반적으로 매개변수 q와 시간을 관련짓는 미분방정식의 형태로 표현될 수 있다.

이러한 현상에 역학적 해석을 부여하려면 어떻게 해야 할까?

사람들은 일반적인 물질의 운동에 의해서든, 하나 또는 여러 가설적 유체의 운동에 의해서든 설명하려 할 것이다.

이 유체는 매우 많은 수의 입자 m으로 이루어져 있다고 여겨질 것이다.

그렇다면 현상에 대한 역학적 설명은 언제 완벽히 이루어졌다고 할 수 있을까? 한편으로는 가설적 입자 m의 좌표가 만족하는 미분방정식을 알았을 때며, 이 방정식은 역학의 원리에 부합해야 한다. 다른 한편으로는 입자 m의 좌표를, 실험을 통해 접근할 수 있는 매개변수 q의 함수로서 정의하는 관계식을 알았을 때다.

이 방정식은 이미 말했듯이 역학의 원리, 특히 에너지 보존의 원리와 최소작용의 원리에 부합해야 한다.

에너지 보존의 원리는 에너지의 총량은 일정하고, 에너지는 두 부분으로 나뉜다는 것을 알려 준다.

1. 운동에너지 혹은 활력으로, 가설적 입자 m의 질량과 그 속도에 의존한다. 이를 T라 부르자.

2. 위치에너지로, 이 입자의 좌표에만 의존한다. 이를 U라 부르자. 바로 이 두 에너지 T와 U의 합이 일정한 것이다.

그런데 최소작용의 원리는 우리에게 무엇을 가르쳐 줄까? 시각이 t_0

일 때 접하는 초기위치에서 시각이 t_1일 때 접하는 최종위치로 이동할 때, 계는 시간이 두 시각 t_0와 t_1 사이를 흐르는 동안 '작용'(즉, 두 에너지 T와 U의 차)의 평균값이 가능한 한 작아지는 경로를 택하리라는 것이다. 게다가 에너지 보존의 원리는 최소작용의 원리의 결과다.

두 함수 T와 U를 알면, 이 원리는 운동방정식을 결정하는 데 충분하다.

어떤 위치에서 다른 위치로 이동할 수 있는 모든 경로 가운데, 작용의 평균값이 나머지 경로에서보다 작은 경로가 틀림없이 존재한다. 더구나 그러한 경로는 단 하나 존재하며, 그로부터 최소작용의 원리는 택해야 할 경로를 결정하는 데, 따라서 운동방정식을 결정하는 데 충분하다는 결과가 나온다.

이렇게 해서 라그랑주 방정식을 얻게 된다.

이 방정식에서 독립변수는 가설적 입자 m의 좌표지만, 이제 나는 실험을 통해 직접 접근할 수 있는 매개변수 q가 독립변수로서 취해진다고 가정한다.

그러면 에너지의 두 부분은 매개변수 q와 그 도함수에 대한 함수로서 표현되어야 하고, 분명 그러한 형태로 실험자에게 나타날 것이다. 그는 자연스럽게 직접 관측할 수 있는 양의 도움을 받아 위치에너지와 운동에너지를 정의하려 할 것이다.[2]

---

2 U는 오로지 q에만 의존하고, T는 q와 그 시간에 대한 도함수에 의존하면서 이 도

이렇게 가정하면, 계는 항상 평균작용이 최소가 되는 경로를 따라 어떤 위치에서 다른 위치로 이동할 것이다.

이제 T와 U가 매개변수 q와 그 도함수의 도움을 받아 표현된다는 것은 그리 중요하지 않다. 또한 초기위치와 최종위치를 결정하는 데 이 매개변수를 사용한다는 것도 그리 중요하지는 않다. 최소작용의 원리는 언제나 참인 것이다.

그런데 여기서도 역시 어떤 위치에서 다른 위치로 이르게 하는 모든 경로 가운데 그 평균작용이 최소가 되는 경로가 존재하며, 단 하나뿐이다. 따라서 최소작용의 원리는 매개변수 q의 변화를 정의하는 미분방정식을 결정하는 데 충분하다.

이와 같이 얻은 방정식은 라그랑주 방정식의 다른 형태다.

이 방정식을 세우기 위해 매개변수 q와 가설적 입자의 좌표를 연결하는 관계식을 알 필요는 없으며, 입자의 질량도, 입자의 좌표에 대한 함수로서 표현되는 U도 알 필요가 없다. 알아야 하는 것은 q의 함수로서 표현되는 U, q와 그 도함수의 함수로서 표현되는 T, 즉 실험적 소여에 대한 함수로서 표현되는 운동에너지와 위치에너지의 식뿐이다.

그렇다면 둘 중 하나다. 함수 T와 U의 적절한 선택으로 인해 지금까지 말한 대로 세워진 라그랑주 방정식이 실험으로부터 도출된 미분방정식과 일치하거나, 아니면 이렇게 일치되는 함수 T와 U가 존재하지 않을

함수에 대해 이차의 동차다항식이 될 것임을 덧붙이자.

것이다. 그런데 후자의 경우, 어떠한 역학적 설명도 가능하지 않다는 것은 분명하다.

역학적 설명이 가능하기 위한 **필요조건**은 에너지 보존의 원리를 이끄는 최소작용의 원리를 만족시키도록 함수 T와 U를 선택할 수 있다는 데 있다.

게다가 이는 **충분조건**이기도 하다. 실제로 에너지의 한 부분을 나타내는 매개변수 q의 함수 U를 찾았다고 가정하자. 그리고 T로 표현될 에너지의 다른 한 부분은 q와 그 도함수에 대한 함수이며, 또한 그 도함수에 대한 이차의 동차다항식이라 하자. 끝으로 이 두 함수 T와 U의 도움으로 세워진 라그랑주 방정식은 실험적 소여와 부합한다고 가정하자.

이로부터 역학적 설명을 이끌어 내려면 어떻게 해야 할까? U는 어떤 계의 위치에너지, T는 그와 동일한 계의 활력이라 간주될 수 있어야 한다.

U에 관한 한 어려움이 없지만, T는 물질계의 활력이라 간주될 수 있을까?

이는 언제나 가능하고 심지어 무한히 많은 방식이 있다는 것을 쉽게 보일 수 있다. 더 상세한 것은 나의 저작 『전기학과 광학』*Électricité et optique* 의 서문을 참조하기 바란다.

최소작용의 원리를 만족시킬 수 없다면 역학적 설명은 불가능하지만, 만족시킬 수 있다면 하나가 아니라 무한한 설명이 가능하다. 따라서 하나의 설명이 존재하면, 동시에 무한한 다른 설명이 가능한 것이다.

하나 더 언급할 것이 있다.

우리는 실험을 통해 직접 파악되는 양들 가운데 어떤 것을 가설적 입자의 좌표에 대한 함수라 여길 것이며, 바로 이것이 매개변수 q다. 다른 것들은 그 좌표뿐만 아니라 속도에, 혹은 결국 같은 말이지만 매개변수 q의 도함수에 의존하는 것으로서, 즉 이 매개변수와 그 도함수의 조합으로 여길 것이다.

여기서 하나의 물음이 생긴다. 매개변수 q를 나타내기 위해서는 실험을 통해 측정된 이 모든 양 가운데 무엇을 선택해야 할까? 또한 이 매개변수의 도함수로서 무엇을 선택하면 좋을까? 이 선택은 매우 넓은 범위 내에서는 자의적이지만, 역학적 설명이 가능하기 위해서는 최소작용의 원리를 만족시키도록 선택할 수 있으면 충분하다.

그다음에 맥스웰은 전기적 현상이 이 원리를 만족하도록 매개변수의 도함수와 두 에너지 T 및 U를 선택할 수 있는지 자문했다. 실험을 통해 우리는 전자기장의 에너지는 두 부분, 즉 정전기에너지와 전기역학적 에너지로 분해된다는 것을 알 수 있다. 맥스웰은 정전기에너지가 위치에너지 U, 역학적 에너지가 운동에너지 T를 나타낼 경우, 다른 한편 도체의 정전하를 매개변수 q, 전류의 세기를 다른 매개변수 q의 도함수로 간주할 경우, 이러한 조건에서 전기적 현상은 최소작용의 원리를 만족시킨다는 것을 깨달았다. 그때부터 그는 역학적 설명의 가능성을 확신했던 것이다.

만일 그가 이 생각을 제2권의 한 구석에 몰아넣는 대신 제1권 첫머리에 드러냈다면, 대부분의 독자로부터 외면당하지는 않았을 것이다.

따라서 만일 어떤 현상이 완벽한 역학적 설명을 허용한다면 또 다른 무한히 많은 설명을 허용할 것이며, 실험을 통해 밝혀진 모든 특수성도 해명될 것이다.

그리고 이는 물리학의 모든 분과의 역사에 의해 확인된다. 예를 들어 광학 분야에서 프레넬은 진동이 편광면에 수직이라고 믿었지만, 노이만Franz Ernst Neumann은 이 면에 평행하다고 생각했다. 오랫동안 이 두 이론을 판가름해 줄 '결정적 실험'이 모색되었지만 허사였다.

마찬가지로 전기학의 영역을 벗어나지 않고도 이유체설二流體說과 일유체설一流體說은 모두 정전기학에서 관찰되는 모든 법칙을 똑같이 만족시킨다는 것을 확인할 수 있다.

이 모든 사실은 조금 전에 언급한 라그랑주 방정식의 속성에 의해 쉽게 설명된다.

이제 맥스웰의 근본적인 생각이 무엇이었는지 쉽게 이해할 수 있다.

전기의 역학적 설명 가능성을 증명하기 위해 이 설명 자체를 찾는 데 몰두할 필요는 없다. 에너지의 두 부분을 이루는 두 함수 T와 U의 식을 구하고 이 두 함수로부터 라그랑주 방정식을 세워 이를 실험적 법칙과 비교하는 것으로 충분하다.

선택할 때 실험의 도움을 받을 수 없는데, 어떻게 가능한 모든 설명 가운데서 하나를 고를 수 있을까? 물리학자가 실증적 방법으로 접근할 수 없는 이러한 문제에 관심을 잃고 형이상학자에게 떠넘길 날이 언젠가 올 것이다. 하지만 아직 그날이 오지는 않았다. 인간은 사물의 본질을 영원히 알 수 없다고 그리 쉽게 체념하지 않는다.

따라서 우리의 선택은 개인적 평가가 매우 큰 역할을 맡는 고찰에 의해서만 이끌어질 수 있다. 하지만 그 해답 중에는 기이해서 누구나 거부할 만한 것도 있고, 단순해서 누구든지 선호할 만한 것도 있다.

전기학과 자기학에 관해 맥스웰은 선택을 자제하고 있다. 이는 그가 실증적 방법으로 도달할 수 없는 모든 것을 원칙적으로 무시하기 때문이 아니다. 그가 기체운동론에 바친 시간이 그것을 입증한다. 덧붙이고 싶은 것은, 맥스웰은 그의 위대한 저작에서 어떤 완벽한 설명도 전개하지 않지만 그 이전에 『철학잡지』*Philosophical Magazine*의 논문에서 시도한 바가 있다는 것이다. 그가 마지못해 세워야 했던 가설이 이상하고 복잡했기 때문에 결국 포기하게 된 것이다.

이와 동일한 정신은 그의 모든 저작에서 드러난다. 본질적인 것, 즉 모든 이론에 공통적인 것은 밝히고 있지만, 어느 특수한 이론에만 들어맞는 모든 것에 대해서는 대부분 묵과한다. 그렇기 때문에 독자는 질료가 거의 없는 형상에 직면하며, 먼저 이를 포착할 수 없는 일시적인 그림자라 간주하려 한다. 하지만 그처럼 강요받은 노력을 통해 독자는 사유하게 되고, 예전에는 경탄해 마지않았던 이론적 집합체 내에 다소 작위적인 것이 흔히 존재한다는 것을 마침내 깨닫게 된다.

전기역학

전기역학의 역사는 우리의 견지에서 특히 교훈적이다.

앙페르는 그의 불후의 저작에 "오로지 실험에 입각한 전기역학적 현상에 관한 이론 *Théorie des phénomènes électrodynamiques, uniquement déduite de l'expérience*"이라는 제목을 붙였다. 이처럼 그는 스스로 어떤 가설도 세우지 않았다고 생각했다. 곧 살펴보겠지만 그는 가설을 세웠다. 단지 자신도 알아채지 못했던 것이다.

반면 그의 후세 사람들은 앙페르가 제시한 해답의 약점에 사로잡혔기 때문에 이를 알아차릴 수 있었다. 그들은 이번에는 충분히 의식하고 새로운 가설을 세웠다. 하지만 아직 결정적인 것이라 할 수 없는 오늘날의 고전적 체계에 이르기까지 그 가설을 얼마나 자주 변경해야 했던가.

이제부터 살펴볼 것이다.

I. 앙페르의 이론

앙페르가 전류의 상호작용을 실험적으로 연구했을 때, 그는 닫힌 전류만 다루었고, 그것밖에 다룰 수 없었다.

열린 전류의 가능성을 부정했기 때문은 아니다. 상반되는 전기를 띠는 두 도체가 도선으로 연결되어 있다면, 전류가 수립되어 양쪽의 전위가 같아질 때까지 한쪽에서 다른 쪽으로 흐르게 된다. 앙페르의 시대에 지배적이던 생각에 따르면 이는 열린 전류다. 전류가 한쪽 도체에서 다른 쪽 도체로 흐른다는 것은 잘 알려져 있었지만, 되돌아오는지는 알려지지 않았다.

앙페르는 그러한 성질의 전류, 예컨대 축전기의 방전전류와 같은 것을 열린 전류라 생각했지만, 너무나 짧게 지속되기 때문에 실험 대상으로 삼지는 못했다.

다른 종류의 열린 전류도 떠올려 볼 수 있다. 두 도체 A와 B가 도선 AMB로 이어져 있다고 가정하자. 움직이는 작은 질량의 전도성 물체가 먼저 도체 B와 접촉하고 그로부터 전하를 받고 나서, B와의 접촉을 끊고 경로 BNA를 따라 움직인다. 그리고 A와 접촉하여 운반해 온 전하를 방출하면 전하는 곧바로 도선 AMB를 통해 B로 되돌아간다.

이는 어떤 의미에서 닫힌 회로다. 전기가 닫힌 회로 BNAMB를 그리고 있기 때문이다. 그러나 이 전류의 두 부분은 서로 매우 다르다. 도선

AMB 내에서 전기는 볼타전류와 같은 방식으로 옴 저항을 거스르고 열을 발생시키면서 고정된 도체의 내부를 가로질러 이동한다. 이를 전도에 의한 이동이라 한다. BNA 부분에서 전기는 움직이는 도체에 의해 운반되며, 이를 대류에 의한 이동이라 한다.

만일 대류전류가 전도전류와 매우 유사하다고 간주하면, 회로 BNAMB는 닫혀 있다. 이와 반대로 대류전류는 '진짜 전류'가 아니라고 하면, 예를 들어 자석에 작용하지 않는다고 간주하면 전도전류 AMB만 남으며 이는 **열려** 있다.

예를 들어 홀츠Wilhelm Holtz가 발명한 기계의 양극을 도선으로 연결하면 하전된 회전판은 대류를 통해 전기를 한쪽 극에서 다른 쪽 극으로 운반하고, 이는 전도에 의해 도선을 매개로 처음의 극으로 되돌아간다.

하지만 이런 종류의 전류는 측정할 수 있을 만큼의 세기를 구현하기가 매우 까다롭다. 앙페르가 사용한 방법으로는 불가능하다고 할 수 있다.

요컨대 앙페르는 두 종류의 열린 전류가 존재한다는 것을 생각해 낼 수 있었지만, 전류가 너무 약하거나 아주 짧은 시간만 지속되었기 때문에 그 어느 것에 대해서도 실험을 수행할 수 없었다.

실험을 통해서는 닫힌 전류에 대한 닫힌 전류의 작용, 엄밀하게는 전류의 일부에 대한 닫힌 전류의 작용밖에 알 수 없었다. 왜냐하면 움직이는 부분과 고정된 부분으로 이루어진 닫힌 회로에서 전류를 흐르게 할 수 있기 때문이다. 이때 또 다른 닫힌 전류의 작용에 의한 움직이는 부분의 이동을 연구할 수 있게 된다.

앙페르에게는 열린 전류가 닫힌 전류나 또 다른 열린 전류에 미치는 작용을 연구할 방법이 전혀 없었던 것이다.

1. 닫힌 전류의 경우

앙페르는 실험을 통해 2개의 닫힌 전류의 상호작용에 대한 매우 간단한 법칙을 밝혀냈다.

앞으로 우리에게 유용할 사항들을 간략히 언급해 둔다.

1. 만일 전류의 세기가 일정하게 유지된다면, 그리고 두 회로가 임의의 변위와 변형을 받고 나서 결국 초기위치로 되돌아온다면 전기역학적 작용에 의한 일의 총량은 0이다.

다시 말해 두 회로의 **전기역학적 포텐셜**이 존재하며, 이는 그 세기의 곱에 비례하고 회로의 형태와 상대적 위치에 의존한다. 전기역학적 작용에 의한 일은 이 포텐셜의 변동과 크기가 같다.

2. 닫힌 솔레노이드의 작용은 0이다.

3. 회로 C가 또 다른 볼타회로 C′에 가하는 작용은 회로 C로 인해 생성되는 '자기장'에만 의존한다. 실제로 공간의 각 점에서 **자기력**이라 불리는 어떤 힘을 크기와 방향에 관해 정의할 수 있으며, 이는 다음과 같은 속성을 지닌다.

a) C가 자극磁極에 작용한 힘은 이 극에 가해지고, 자기력과 극의 자기량을 곱한 것과 크기가 같다.

b) 매우 짧은 자침은 자기력의 방향을 취하려 하며, 이를 억제하려는 짝힘은 자기력, 자침의 자기모멘트, 경사각의 사인의 곱에 비례한다.

c) 회로 C′이 이동하면, C가 C′에 가한 전기역학적 작용이 한 일은 이 회로를 가로지르는 '자기력선속'의 증분과 같을 것이다.

2. 닫힌 전류가 전류의 일부에 미치는 작용

본래적 의미에서의 열린 전류를 구현할 수 없었던 앙페르에게는 닫힌 전류가 전류의 일부에 미치는 작용을 연구할 수단밖에 없었다.

이는 두 부분, 즉 고정된 부분과 움직이는 부분으로 이루어진 회로 C′에 대한 실험을 수행하는 것이었다. 움직이는 부분은, 예컨대 움직이는 도선 $\alpha\beta$로, 그 양끝 α와 β가 고정된 도선을 따라 미끄러질 수 있다. 움직이는 도선의 어떤 위치에서 한쪽 끝 α는 고정된 도선의 한 점 A 위에, 다른 쪽 끝 β는 고정된 도선의 한 점 B 위에 있다. 전류는 α에서 β로, 즉 움직이는 도선을 따라 A에서 B로 흐르고 나서 고정된 도선을 따라 B에서 A로 되돌아온다. 따라서 이 전류는 닫혀 있었던 것이다.

움직이는 도선이 미끄러져 두 번째 위치로 오면, 한쪽 끝 α는 고정된 도선의 다른 한 점 A′ 위에, 다른 쪽 끝 β는 고정된 도선의 또 다른 한 점 B′ 위에 있다. 이때 전류는 α에서 β로, 즉 움직이는 도선을 따라 A′에서 B′으로 흐르고 나서 고정된 도선을 따라 B′에서 B로, 이어서 B에서 A로, 마지막으로 A에서 A′으로 되돌아온다. 따라서 전류는 여전히 닫혀 있었다.

이와 같은 회로가 닫힌 전류 C의 작용을 받으면 움직이는 부분은 마치 어떤 힘의 작용을 받은 것처럼 움직인다. 이처럼 움직이는 부분 AB가 받는 것처럼 보이는 외관상의 힘은 전류의 부분 $\alpha\beta$에 대한 C의 작용을 나타내는 것이다. 따라서 앙페르는 열린 전류가 $\alpha\beta$를 가로질러 α와 β에서 멈추든, 닫힌 전류가 β로 흐른 후에 회로의 고정된 부분을 가로질러 α로 되돌아오든 마찬가지라는 것을 받아들인다.

이 가설은 충분히 자연스러워 보일 수 있으며, 앙페르는 의식하지 못하고 이 가설을 세운 것이다. 그렇지만 반드시 이 가설을 세워야만 하는 것은 아니다. 뒤에서 보겠지만 헬름홀츠는 이를 거부했기 때문이다. 하여튼 앙페르는 열린 전류를 결코 구현할 수 없었는데도 이 가설을 통해 닫힌 전류가 열린 전류에, 또한 전류의 요소에까지 미치는 작용에 대한 법칙들을 밝힐 수 있었다.

이 법칙들은 간단하다.

1. 전류의 요소에 작용하는 힘은 그 요소에 가해지며, 요소와 자기력에 수직이고, 요소에 수직인 이 자기력의 성분에 비례한다.

2. 닫힌 솔레노이드가 전류의 요소에 미치는 작용은 0이다.

하지만 전기역학적 포텐셜은 더 이상 존재하지 않는다. 즉, 닫힌 전류와 열린 전류가 세기를 일정하게 유지한 채 초기위치로 되돌아왔을 때 일의 총량은 0이 아니다.

3. 연속회전

전기역학적 실험 가운데 가장 흥미로운 것은 연속회전을 구현할 수 있으며 때때로 단극유도 실험이라 불리는 것이다. 축 주위를 돌 수 있는 자석이 있고, 전류는 먼저 고정된 도선을 통해 예컨대 N극 쪽에서 자석으로 들어간다. 중간을 지나서는 미끄럼접촉에 의해 빠져나와 다시 고정된 도선으로 들어간다.

이때 자석은 연속회전을 시작하여 평형위치에 이를 수 없게 된다. 이것이 패러데이의 실험이다.

어떻게 이것이 가능할까? 만일 변형되지 않는 두 회로, 즉 고정된 C, 축 주위를 움직이는 C′과 관계가 있다면, 후자는 결코 연속회전에 들어설 수 없다. 이때 실제로 전기역학적 포텐셜이 존재하므로 그 값이 최대일 때 평형위치가 존재한다.

따라서 연속회전은 회로 C′이 두 부분으로 구성되어 있을 때만 가능하다. 즉, 패러데이의 실험에서처럼 회로의 한쪽은 고정되어 있고 다른 한쪽은 축 주위를 돌아야 한다. 여기서 다시 구별해야 할 것이 있다. 고정된 부분에서 움직이는 부분으로의 이동 혹은 반대로 움직이는 부분에서 고정된 부분으로의 이동은 단순한 접촉(움직이는 부분의 동일한 점은 계속해서 고정된 부분의 동일한 점과 접촉하고 있다)에 의해서도, 미끄럼접촉(움직이는 부분의 동일한 점은 고정된 부분의 서로 다른 점들과 차례차례 접촉하게 된다)에 의해서도 일어날 수 있다는 것이다.

연속회전이 가능한 것은 두 번째 경우뿐이다. 이때 다음과 같은 일이 일어난다. 이 계는 평형위치를 취하려는 경향이 있지만, 거기에 도달하려 할 때 움직이는 부분은 미끄럼접촉에 의해 고정된 부분의 새로운 점과 연결된다. 이에 따라 연결이 바뀌고, 따라서 평형조건이 변한다. 그 결과 평형위치는 그에 도달하려는 계를 회피하고, 회전은 무한정 계속될 수 있는 것이다.

앙페르는 C'의 움직이는 부분에 대한 회로의 작용이 C'의 고정된 부분이 존재하지 않아도, 그리하여 움직이는 부분을 순환하는 전류가 열려 있어도 동일하다는 것을 받아들인다.

따라서 그는 열린 전류에 대한 닫힌 전류의 작용, 혹은 반대로 닫힌 전류에 대한 열린 전류의 작용은 연속회전을 일으킬 수 있다고 결론지었다.

하지만 이 결론은 지금까지 언급해 온 가설에 의존하는데, 앞서 말했듯이 헬름홀츠는 이를 인정하지 않았다.

4. 두 열린 전류의 상호작용

두 열린 전류, 특히 두 전류 요소의 상호작용에 관해서는 모든 실험이 실패했다. 앙페르는 가설을 동원하여 다음과 같이 가정했다.

1. 두 요소의 상호작용은 이들을 연결하는 직선 방향으로 작용하는 힘으로 귀착된다.

2. 두 닫힌 전류의 작용은 그것들의 서로 다른 요소들이 상호 작용한 결과이며, 이 요소들이 따로 떨어져 있어도 결과는 마찬가지다.

주목할 만한 것은, 이때에도 앙페르는 자신도 모르게 이 두 가설을 세웠다는 것이다.

어쨌든 이 두 가설은 닫힌 전류에 관한 실험과 연계하여 두 요소 간 상호작용의 법칙을 완전히 규명하는 데 충분하다. 하지만 이때 닫힌 전류에서 마주친 대부분의 간단한 법칙들은 더 이상 참이 아니다.

먼저, 전기역학적 포텐셜은 존재하지 않는다. 이것은 이미 살펴보았듯이 닫힌 전류가 열린 전류에 작용하는 경우에도 존재하지 않았다.

다음으로, 엄밀히 말해서 자기력은 존재하지 않는다.

앞서 우리는 이 힘을 서로 다른 세 가지 방식으로 정의했다.

1. 자극磁極에 대한 작용에 의해서

2. 자침의 방향을 결정하는 짝힘에 의해서

3. 전류의 요소에 대한 작용에 의해서

그런데 지금 우리가 다루는 경우에서는 이 세 가지 정의가 서로 부합하지 않을 뿐만 아니라, 각각의 정의 또한 의미를 상실했다.

1. 자극은 더 이상 이 극에 가해지는 단독적 힘의 작용만 받지 않는다. 실제로 우리는 전류의 요소가 극에 작용하는 힘은 극이 아니라 요소에 가해진다는 것을 알고 있고, 이 힘은 극에 가해지는 힘과 짝힘에 의해 대체될 수 있다.

2. 자침에 작용하는 짝힘은 더 이상 방향만 결정하는 단순한 힘이 아니다. 자침의 축에 대한 모멘트는 0이 아니기 때문이다. 이는 본래의 의미에서 방향을 결정하는 짝힘과 앞서 이야기한 연속회전을 일으키려는

보충적 짝힘으로 분해된다.

3. 끝으로, 전류의 요소에 작용하는 힘은 그 요소에 수직이 아니다.

다시 말해 **자기력의 통일성은 사라져 버렸다.**

여기서 통일성이란, 하나의 자극에 동일한 작용을 가하는 두 계는 그 극이 있었던 공간의 동일한 점에 놓인 무한히 작은 자침, 혹은 전류의 요소에도 동일한 작용을 가한다는 것이다.

만일 그 두 계가 닫힌 전류만 포함한다면, 이는 참이다. 하지만 열린 전류를 포함할 경우에는 앙페르에 따르면 참이 아닐 것이다.

예를 들어, 만일 한 자극이 A에, 요소가 B에 놓여 있고, 요소의 방향이 직선 AB와 일치한다면 이 요소는 그 극에는 어떠한 작용도 가하지 않겠지만, 반면에 점 A에 놓인 자침이나 전류의 요소에는 작용할 것이라는 데 주의하는 것으로 충분하다.

5. 유도

전기역학적 유도의 발견이 앙페르의 불멸의 작업 이후 곧바로 이루어졌다는 것은 잘 알려져 있다.

닫힌 전류에 관한 한 아무런 어려움도 없으며, 헬름홀츠는 에너지 보존의 원리만으로 앙페르의 전기역학적 법칙으로부터 유도의 법칙들을 충분히 도출할 수 있다는 것까지 인지했다. 하지만 베르트랑이 잘 보여 주었듯이 그 밖에도 몇 가지 가설을 인정한다는 조건이 붙는다.

동일한 원리에 따라 열린 전류의 경우에도 이러한 도출이 가능하지만, 열린 전류를 구현할 수 없기 때문에 실험을 통해 그 결과를 확인할 수는 없다.

이러한 해석법을 열린 전류에 관한 앙페르의 이론에 적용시키려 하면 깜짝 놀랄 만한 결과에 이르게 된다.

먼저, 유도는 과학자와 실무가에게 잘 알려져 있는 공식에 의한 자기장의 변화로부터 도출될 수 없으며, 이미 언급했듯이 본래적 의미에서의 자기장은 더 이상 존재하지 않는다.

뿐만 아니라, 회로 C가 가변적 볼타 시스템 S의 유도를 받는다면, 만일 이 시스템 S가 이동하며 어떤 방식으로든 변형되어, 전류의 세기는 어떤 임의의 법칙에 따라 변하지만 그 변화 이후 이 시스템이 결국 초기 위치로 되돌아온다면, 회로 C 내에서 유도된 **평균** 기전력은 0이라고 가정하는 것이 자연스러워 보인다.

회로 C가 닫혀 있고 시스템 S가 닫힌 전류만 포함한다면, 이는 참이다. 하지만 앙페르의 이론을 받아들인다면, 열린 전류가 생겨나는 즉시 참이 아니게 될 것이다. 따라서 유도는 그 말의 어떠한 통상적인 의미에서도 더 이상 자기력선속의 변동이 아닐 뿐만 아니라, 어떠한 힘의 변동에 의해서도 나타날 수 없다.

II. 헬름홀츠의 이론

지금까지 앙페르 이론의 귀결과 열린 전류의 작용을 이해하는 그의 방식에 대해 살펴보았다.

이와 같이 이끌리는 명제들의 역설적이고 작위적인 성격을 무시하기는 어려우며, 결국 우리는 "그럴 리 없다"고 생각하게 된다. 그래서 헬름홀츠가 다른 것을 구했다는 것이 이해된다.

헬름홀츠는 앙페르의 근본적인 가설, 즉 전류의 두 요소 간 상호작용은 이들을 잇는 직선 방향으로의 힘으로 귀착된다는 것을 거부한다.

그는 전류의 요소는 단독적인 힘을 받는 것이 아니라, 하나의 힘과 하나의 짝힘을 받는 것이라고 생각한다. 바로 이것이 베르트랑과 헬름홀츠의 유명한 논쟁을 불러일으킨 계기가 된 것이다.

헬름홀츠는 앙페르의 가설을 다음과 같이 바꾼다. 전류의 두 요소는 항상 전기역학적 포텐셜을 허용하고, 이는 오로지 그 위치와 방향에만 의존하며, 서로에게 작용하는 힘이 한 일은 이 포텐셜의 변동과 크기가 같다. 이처럼 헬름홀츠는 가설 없이 나아갈 수 없다는 점에서는 앙페르와 마찬가지지만, 적어도 명시적으로 기술하지 않고 가설을 세우지는 않는다.

실험을 통해 유일하게 접근할 수 있는 닫힌 전류의 경우에는 두 이론이 서로 부합하지만, 다른 모든 경우에는 서로 다르다.

먼저, 앙페르가 가정한 것과는 달리 닫힌 전류의 움직이는 부분에 작용한다고 생각되는 힘은, 그 부분이 고립되어 있고 열린 전류를 이루고 있을 때 작용하는 힘과 다르다.

앞서 언급했던 움직이는 도선 $\alpha\beta$가 고정된 도선 위를 미끄러지는 회로 C′으로 되돌아가자. 구현될 수 있는 유일한 실험에서 움직이는 부분

$\alpha\beta$는 고립되어 있지 않지만, 닫힌 회로의 일부를 이룬다. $\alpha\beta$가 AB에서 A′B′으로 이동할 때, 전기역학적 포텐셜의 총량은 다음 두 가지 이유에서 변한다.

1. 회로 C에 대한 A′B′의 포텐셜은 AB의 포텐셜과 다르기 때문에 첫 번째 증분을 받는다.

2. C에 대한 요소 AA′과 BB′의 포텐셜에 의해 증가되어야 하므로 두 번째 증분을 받는다.

부분 AB에 작용한다고 생각되는 힘이 한 일을 나타내는 것은 이 이중 증분이다.

만일 이와 반대로 $\alpha\beta$가 고립되어 있다면, 포텐셜은 첫 번째 증분만 받을 것이고, AB에 작용한 힘이 한 일은 첫 번째 증분만으로 측정될 것이다.

둘째, 연속회전은 미끄럼접촉이 있어야만 가능하다. 닫힌 전류의 경우에서 보았듯이, 이는 전기역학적 포텐셜이 존재하는 데 따른 직접적인 귀결이다.

만일 패러데이의 실험에서 자석이 고정되어 있고 그 자석 밖에 있는 전류의 부분이 가동적可動的 도선을 가로지른다면, 이 가동적 부분에서는 연속회전이 일어날 수 있다. 하지만 도선과 자석의 접촉을 끊고 도선에 **열린** 전류를 흘려보냈을 때도 여전히 연속회전운동이 이루어진다는 의미는 아니다.

방금 말했듯이, **고립된** 요소는 닫힌 회로의 일부를 이루는 가동적 요소와 동일한 작용을 받지 않는다.

또 다른 차이가 있다. 닫힌 솔레노이드가 닫힌 전류에 가하는 작용은, 실험과 두 이론에 따르면 0이다. 그리고 열린 전류에 가하는 작용은 앙페르에 따르면 0이지만, 헬름홀츠에 따르면 0이 아니다.

여기에서 중요한 결론이 나온다. 우리는 위에서 자기력의 세 가지 정의를 제시했는데, 그 세 번째 정의는 여기서 아무런 의미도 없다. 전류의 요소가 더 이상 단독적인 힘만 받는 것이 아니기 때문이다. 첫 번째 정의 또한 의미가 없다. 자극이란 도대체 무엇인가? 그것은 규정되지 않은 선형 자석의 말단이다. 이 자석은 규정되지 않은 솔레노이드로 대체될 수 있다. 자기력의 정의가 의미를 가지려면, 열린 전류가 솔레노이드에 가하는 작용이 솔레노이드의 말단에만 의존해야 한다. 즉, 닫힌 솔레노이드에 가하는 작용이 0이어야 한다. 그런데 방금 보았듯이 이는 참이 아니다.

반면, 자침의 방향을 결정하는 짝힘의 측정에 입각한 두 번째 정의는 문제없이 채택할 수 있다. 하지만 채택된다면, 유도의 효과도 전기역학적 효과도 오로지 이 자기장의 자력선 분포에만 의존하지는 않을 것이다.

III. 이 이론들에 수반되는 어려움

헬름홀츠의 이론은 앙페르의 이론보다 한 단계 진보한 것이다. 하지만 모든 어려움은 제거되어야 한다. 두 이론에서 자기장이라는 말은 의미가 없다. 즉, 다소 작위적인 규약을 만들어 이 말에 의미를 부여해도 모든 전기학자에게 익숙한 보통의 법칙들조차 더 이상 들어맞지 않는다. 예컨대 도선에 유도된 기전력은 그 도선이 맞닥뜨리는 역선力線의 수에 의해서는 더 이상 측정되지 않는 것이다.

그리고 우리에게 반감이 생기는 것은 단지 언어와 사고의 뿌리 깊은 습관을 포기하는 것이 곤란하기 때문만은 아니다. 이보다 더한 것은 만일 원격작용을 신뢰하지 않는다면, 전기역학적 현상들을 매질의 변경으로 설명해야 한다는 것이다. 자기장이란 바로 이러한 변경이며, 이때 전기역학적 효과는 그 장에만 의존해야 한다.

이 모든 어려움은 열린 전류의 가설에서 유래하는 것이다.

IV. 맥스웰의 이론

주류를 이루는 이론들이 이러한 난관에 봉착했을 때, 맥스웰이 출현하여 이 모든 문제점을 단번에 해결했다. 그의 생각에는 닫힌 전류만 존재하고 있었던 것이다.

맥스웰은 전매질 내에서 전기장이 변하면 이 전매질은 전류처럼 검류계에 작용하는 특수한 현상의 거점이 된다고 가정하고, 이를 **변위전류**라고 했다.

만일 그때 상반되는 전하를 띠는 두 도체를 도선으로 연결하면, 방전되는 동안 이 도선 내에는 열린 전도전류가 흐르지만, 이와 동시에 주위의 전매질 내에서 생긴 변위전류가 이 전도전류를 닫는다.

맥스웰의 이론은 극히 빠른 전기진동에 의한 광학적 현상의 설명을 이끄는데, 당시 이러한 발상은 어떤 실험으로도 뒷받침될 수 없는 무모한 가설에 불과했다. 맥스웰의 생각은 20년이 지나서야 실험적으로 확증될 수 있었다.

헤르츠는 빛의 모든 속성을 재현하는 전기진동 시스템을 구축하는 데 성공했다. 이는 자색광이 적색광과 다른 것처럼 빛의 파장을 통해서만 구별되는 것으로, 어떻게 보면 그는 빛을 합성한 것이었다. 주지하듯이 여기에서 무선전신이 탄생한 것이다.

헤르츠는 맥스웰의 근본적 사고, 즉 검류계에 대한 변위전류의 작용을 직접 증명한 것은 아니라고 할 수 있을지 모르나 이는 어떤 의미에서는 참이다. 그가 직접 보여 준 것은, 전자기유도는 그때까지 믿고 있던 것처럼 순식간에 전달되는 것이 아니라 빛의 속도로 전달된다는 것이다.

다만 변위전류는 존재하지 않고 유도가 빛의 속도로 전달된다고 가정하든, 변위전류가 유도의 효과를 내고 유도는 순식간에 전달된다고 가정하든, 결국 **똑같은 것이다**.

이는 처음부터 눈에 들어오지는 않지만, 여기서는 요약할 엄두조차 낼 수 없는 어떤 해석에 의해 증명될 수 있다.

V. 롤런드의 실험

앞서 말했듯이 열린 전도전류에는 두 종류가 있다. 먼저 축전기 또는 임의의 도체에 대한 방전전류가 있다. 또한 전하가 회로의 한 부분에서는 전도에 의해, 다른 부분에서는 대류에 의해 이동하면서 닫힌 경로를 그리는 경우도 있다.

첫 번째 종류의 열린 전류에 대해서는 문제가 해결되었다고 볼 수 있었다. 변위전류에 의해 닫혀 있었기 때문이다.

두 번째 종류의 열린 전류에 대해서는 간단히 해결될 것처럼 보였다. 만일 전류가 닫혀 있다면, 이는 대류전류 자체에 의해서만 가능한 것 같았다. 따라서 '대류전류', 즉 움직이는 하전된 도체가 검류계에 작용할 수 있다고 인정하기만 해도 충분했다.

그러나 실험적 확증이 결여되어 있었다. 실제로 도체의 전하와 속도를 최대한 증가시켜 보아도 충분한 세기를 얻기가 곤란했던 것이다.

이 난관을 처음으로 극복한 이는 극히 숙련된 실험물리학자인 롤런드Henry Rowland였다. 강한 정전하를 받고 매우 빠른 속도로 회전하는 원반 가까이에 무정위 자성체를 놓으니 편향이 일어난 것이다.

이 실험은 롤런드가 베를린과 볼티모어에서 두 번 수행한 것으로, 이후에 힘슈테트Franz Himstedt가 반복했다. 이 물리학자들은 정량적 측정에 성공했다고 발표할 수 있을 것으로 믿었다.

롤런드의 법칙은 모든 물리학자에게 이의 없이 받아들여졌다.

더구나 모든 것이 이를 입증하는 것처럼 보였다. 불꽃은 확실히 자기적 효과를 내는데, 불꽃에 의한 방전은 전극의 한쪽에서 빠져나와 전하를 다른 쪽 전극으로 운반하는 입자로 인한 것이 아닐까? 불꽃의 스펙트럼 자체에서 전극 금속의 스펙트럼선이 발견된다는 것이 그 증거가 아닐까? 그러면 불꽃은 참된 대류전류라 할 수 있다.

다른 한편, 전해질에서 전기는 움직이는 이온에 의해 수송된다고도 한다. 따라서 전해질에서의 전류 또한 대류전류일 것이다. 그런데 이것은 자침에 작용한다.

음극선에 대해서도 마찬가지다. 크룩스William Crookes는 음극선을 음전하를 띠며 매우 빠른 속도로 움직이는 극히 미세한 물질의 효과라 여긴다. 다시 말해 대류전류로 간주하는 것인데, 그의 관점은 잠시 논란이 일기는 했지만 오늘날 어디서나 채택되고 있다. 음극선은 자석에 의해 편향을 받고, 작용과 반작용의 원리에 따라 자침에 편향을 가한다.

헤르츠는 음극선이 음전기를 수송하지 않고 자침에도 작용하지 않음을 증명했다고 믿었지만, 이는 틀린 것이었다. 무엇보다 페랭Francis Perrin은 헤르츠가 존재를 부정했던 음극선에 의해 수송된 전기를 모을 수 있었다. 헤르츠는 당시 아직 발견되지 않았던 X선의 작용에 의한 효과를 오인했던 것 같다. 그 이후 아주 최근에야 자침에 대한 음극선의 작용이 밝혀지면서 헤르츠가 범한 오류의 원인이 가려진 것이다.

이처럼 대류전류라 여겨지는 모든 현상, 즉 불꽃, 전해전류, 음극선은 롤런드의 법칙에 따라 동일한 방식으로 검류계에 작용한다.

VI. 로렌츠의 이론

전기역학은 지체 없이 발전했다. 로렌츠의 이론에 따르면, 전도전류조차도 진정한 대류전류이고, 전기는 **전자**라 불리는 물질적 입자와 확고히 결합되어 있을 것이다. 볼타전류를 만들어 내는 것은 물체를 가로지르

는 이 전자들의 순환이고, 도체와 절연체는 전자가 가로질러 가도록 허
용하는지 아니면 그 운동을 가로막는지에 따라 구별될 것이다.

로렌츠의 이론은 아주 매력적이다. 오래된 이론들과 맥스웰의 초기
이론조차 충분히 설명하지 못했던 어떤 현상들에 대해 매우 간단한 설
명을 제공하기 때문이다. 그 예로서 광행차^{光行差}, 광파의 부분수반, 자기
편극, 그리고 제만의 실험이 있다.

하지만 몇몇 이의가 아직 남아 있었다. 어떤 계에서의 현상은 그 계
의 무게중심 이동의 절대속도에 의존할 것 같지만, 이는 우리가 공간의
상대성에 대해 갖는 관념과 상반되는 것이다. 크레미외$^{Victor\ Crémieu}$의 학
위논문 심사 때 리프만$^{Gabriel\ Lippmann}$은 이러한 이의를 구체적인 형태로
제시했다. 같은 속도로 이동하는 2개의 하전된 도체를 생각해 보자. 그
것들은 상대적으로는 정지해 있지만, 각각은 대류전류와 마찬가지기 때
문에 서로 끌어당길 것이고, 이 인력을 측정하면 절대속도를 구할 수 있
을 것이다.

하지만 로렌츠의 지지자들은 그 논리에 대해 반대 의견을 제시했다.
그처럼 측정한 것은 절대속도가 아니라 에테르에 대한 상대속도이며, 따
라서 상대성의 원리는 온전하다는 것이다. 그 후 로렌츠는 이해하기 힘
들지만 훨씬 더 만족스러운 해답을 찾아냈다.

이 마지막 이의는 차치하고라도 전기역학이라는 건축물은 적어도 그
윤곽에 관해서는 결정적으로 구축되었다고 할 수 있다. 모든 것이 더할
나위 없이 만족스러워 보인다. 더 이상 존재하지 않는 열린 전류에 대해

전개된 앙페르와 헬름홀츠의 이론은 이제 역사적인 흥미만 끌 뿐이다.

이러한 변천사가 우리에게 교훈적인 것은 과학자가 어떤 함정에 빠지는지, 어떻게 그로부터 탈출할 희망을 가질 수 있는지 가르쳐 줄 것이기 때문이다.

물질의 종말[3]

최근 몇 년간 물리학자들이 보고한 가장 놀라운 발견 중 하나는 물질이 존재하지 않는다는 것이다. 이 발견은 아직 결정적이지 않다는 것을 먼저 밝혀 두어야겠다. 물질의 본질적 속성은 질량과 관성이다. 질량은 언제 어디서든 일정하며, 화학변화에 의해 물질의 감각 가능한 모든 성질이 변하여 다른 물체가 된 것처럼 보일 때도 존속하는 것이다. 따라서 질량, 즉 물질의 관성이 실제로는 물질에 속하지 않는다는 것, 이것은 물질이 남에게 빌려 치장한 사치품이라는 것, 대표적 상수인 질량이 그 자체로 변할 수 있다는 것을 증명하게 되었다면 물질은 존재하지 않는다고 할 수 있다. 그런데 마침 그것이 발표

---

3 귀스타브 르봉Gustave Le Bon, 『물질의 진화』 *L'évolution de la matière* 참조.

된 것이다.

지금까지 관측할 수 있는 속도는 매우 미미한 것이었다. 우리의 어떤 자동차보다도 훨씬 빠른 천체들도 기껏해야 초속 60 내지 100 '킬로미터' 정도이기 때문이다. 빛은 실로 3,000배나 빠르지만, 이동하는 것은 물질이 아니라, 마치 해수면의 물결처럼 비교적 움직임이 없는 실체를 통해 나아가는 요동이다. 이 미미한 속도에 대해 이루어진 모든 관측은 질량의 항구성을 보여 주었는데, 더 빠른 속도에 대해서도 그러할지에 대해 문제 삼는 이는 아무도 없었다.

가장 빠른 행성인 수성의 기록을 깬 것은 무한히 작은 것, 바로 음극선과 라듐선을 방출하면서 운동하는 미립자다. 이러한 방사가 사실 입자의 충격에 기인한다는 것은 잘 알려져 있다. 이 충격 과정에서 발사된 입사입자는 음전하를 띠는데, 이 전기를 패러데이 실린더 안에 모아 확인할 수 있다. 그 전하 때문에 자기장 또는 전기장에 의해서도 편향되며, 이 편향을 비교하면 속도와 질량에 대한 전하의 비를 구할 수 있다.

그런데 이 측정을 통해, 한편으로는 그 속도가 광속의 10분의 1 내지 3분의 1, 행성 속도의 1,000배에 이를 정도로 거대하다는 것, 다른 한편으로는 전하가 질량에 비해 매우 크다는 것이 밝혀졌다. 따라서 움직이고 있는 각각의 미립자는 상당량의 전류를 나타내는 것이다. 그러나 전류는 **자기유도**라는 일종의 특수한 관성을 보인다는 것이 알려져 있다. 한번 생겨난 전류는 유지되려는 경향이 있으며, 이 때문에 전류가 흐르는 도체를 절단하면 불꽃이 튀는 것을 볼 수 있다. 이처럼 전류가 그 세기를 유지하려는 것은, 움직이고 있는 물체가 그 속도를 유지하려는 것과 마찬가지다. 따라서 음극선 입자는 다음의 두 가지 이유에서 그 속도를 변화시킬 수 있는 원인에 저항할 것이다. 먼저 본래적 의미에서의 관성에 의해서, 다음으로 자기유도에 의해서다. 모든 속도변화는 동시에 그에 대응하는 전류의 변화이기 때문이다. 그러므로 그 입자 ─ 이른바 **전자** ─ 는 2개의 관성, 즉 역학적 관성과 전자기적 관성을 가질 것이다.

이론물리학자인 아브라함Max Abraham과 실험물리학자인 카우프만Walter Kaufmann은 각 관성의 역할을 규명하기 위해 협력했는데, 이를 위해 하나의 가설을 받아들여야 했다. 즉, 모든 음전자는 동일하고, 본질적으로 불변하는 동일한 전하를 지니며, 이들 사이에 확인되는 상이함은 오로지 서로 다른 속도로 움직인다는 데서만 비롯된다고 생각했다. 속도가 변해도 실제 질량, 즉 역학적 질량은 항상 일정한데, 이는 정의 그 자체다. 하지만 겉보기 질량의 형성에 기여하는 전자기적 관성은 어떤 법칙에 따라 속도와 더불어 증가한다. 따라서 속도와 전하에 대한 질량의 비 사이에는 어떤 관계가 성립해야 하며, 이 양들은 앞에서 언급했듯이 자석 또는 전기장의 작용을 받은 방사선들의 편향을 관측하면 계산할 수 있다. 그리고 이 관계를 연구하면 두 관성의 역할을 밝힐 수 있는데, 그 결과는 너무나 놀랍다 ─ 실제 질량은 0이다. 처음에 세운 가설을 인정해야 하는데, 이론적 곡선과 실험적 곡선이 이 가설을 대단히 그럴듯하게 만들 만큼 충분히 일치한다.

따라서 음전자는 본래 의미에서의 질량을 갖지 않는다. 이것이 관성을 부여받은 것처럼 보이는 것은 에테르를 흐트러뜨리지 않고서는 속도를 변화시킬 수 없기 때문이다. 그 겉보기 관성은 차용물에 불과하며, 이는 음전자끼리 주고받는 것이 아니라 에테르에게서 빌려온 것이다. 하지만 음전자가 물질 전체는 아니므로 그 이외에 고유한 관성을 부여받은 진짜 물질이 존재한다고 가정할 수 있다. 골트슈타인Eugen Goldstein의 커낼선이나 라듐선과 같은 방사선도 퍼부어지는 입사입자에서 생겨나지만, 이 입사입자는 양전하를 띤다. 이 양전자 역시 질량이 없을까? 음전자에 비해 훨씬 더 무겁고 느리기 때문에 그렇다고 할 수 없다. 그렇다면 수용할 수 있는 가설은 다음의 두 가지 중 하나다. 양전자가 더 무거운 것은 빌려온 전자기적 관성 외에도 고유의 역학적 관성을 갖기 때문이므로 양전자야말로 참된 물질이라는 것, 아니면 양전자도 음전자처럼 질량이 없으며 더 무거워 보이는 것은 더 작기 때문이라는 것이다. 역설적으로 보일지도 모르지만, 나는 분명 더 작기 때문이라고 했다. 왜냐하면 이러한 발상에서 입자는 에테르 내의 공백에 불과하고, 에테르만 유일하게 실재하며 유일하게 관성을 부여받은 것이기 때문이다.

지금까지는 물질이 아주 위태로운 것은 아니다. 우리는 여전히 첫 번째 가설을 채택할 수도 있을 뿐더러, 차라리 양전자와 음전자 외에 중성 원자가 존재한다고 믿을 수도 있다. 로렌츠의 최근 연구는 우리에게서 이 최후의 수단마저 빼앗으려 하고 있다. 우리는 매우 빠른 지구의 운동에 끌려들고 있는데, 광학적 · 전기적 현상은 이 공전에 의해 변하지 않을까? 우리는 오랫동안 그렇다고 믿어 왔고, 지구 운동에 관한 장치의 방위에 따른 관측을 통해 그 차이를 알아낼 수 있다고 상정해 왔다. 하지만 이것은 사실이 아니었고, 아무리 정교하게 측정해도 그러한 것은 전혀 밝힐 수 없었다. 이러한 점에서 그 실험들은 모든 물리학자가 품고 있던 반감을 정당화해 준 것이었다. 만일 실제로 무언가를 찾아냈다면 태양에 대한 지구의 상대운동뿐만 아니라 에테르 내에서의 절대운동까지도 알 수 있었을 것이다. 그런데 많은 이들은 모든 실험이 상대운동 이외의 다른 것을 제공할 수 있다고 믿으려 하지 않는다. 그들은 차라리 물질이 질량을 갖지 않는다는 데 더 흔쾌히 동의할 것이다.

따라서 부정적인 결과를 얻었다고 해도 그리 동요할 일은 아니다. 그 결과는 가르치고 있는 이론들에 반했지만, 이 모든 이론에 앞선 깊은 직관을 만족시켜 주었다. 그에 따라 사실과 일치하도록 이론들을 변경해야 했는데, 이 작업은 피츠제럴드George Fitzgerald가 놀라운 가설을 통해 수행했다. 그는 모든 물체는 지구의 운동 방향으로 약 1억분의 1의 수축을 겪는다고 가정한다. 완전한 구는 편평한 타원체가 되며, 이를 회전시키면 타원체의 짧은 축이 항상 지구의 속도와 평행을 유지하도록 변형된다는 것이다. 하지만 측정도구도 측정하려는 대상과 똑같은 변형을 받으므로 빛이 대상의 길이만큼 주파하는 데 걸리는 시간을 측정해 내지 않는 이상 아무것도 알 수 없다.

이 가설은 관찰된 사실들을 설명해 주지만 충분하지 않다. 언젠가 더 정밀한 관측이 이루어진다면 그 결과가 긍정적일까? 이로써 지구의 절대운동을 규명할 수 있을까? 로렌츠는 그렇게 생각하지 않았다. 언제까지나 불가능할 것이라고 믿은 것이다. 지금까지 겪은 실패는 모든 물리학자에게 공통된 직관을 충분히 보증하고 있다. 따라서 이 불가능성을 자연의 일반법칙으로 인정하고 공준으로서 받아들이자. 이로부터 어떤 귀결에 이르게 될까? 이것이 로렌츠가 모색했던 것이며, 그는 모든 원자, 모든 양전자나 음전자는 바로 동일한 법칙에 의해 속도와 함께 변하는 관성을 가질 것임을 알아냈다. 이처럼 모든 물질의 원자는 작고 무거운 양전자와 크고 가벼운 음전자로 이루어질 것이다. 감각 가능한 물질이 전기를 띠지 않는 것처럼 보이는 것은 이 두 종류의 전자가 거의 같은 수만큼 존재하기 때문이다. 양쪽 다 질량은 없고 빌려온 관성만 있다. 이 계에는 진정한 물질은 존재하지 않고, 에테르 내의 공백만 존재할 뿐이다.

랑주뱅Paul Langevin에게 물질이란 액화되어 그 속성을 잃어버린 에테르일 것이다. 물질이 이동할 때, 이 액화된 것이 에테르를 가로질러 나아가는 것이 아니라, 액화가 차츰 에테르의 새로운 부분으로 확장되는 것이며, 그동안에 먼저 액화된 부분은 이와 반대로 원래의 상태를 회복한다. 물질은 움직이면서 동일성을 유지하지 못할 것이다.

이 문제는 한동안 이러한 상황에 머물러 있었지만, 카우프만이 새로운 실험을 발표했다. 속도가 엄청나게 빠른 음전자는 피츠제럴드 수축을 받고, 그에 따라 속도와 질량의 관계도 변경될 것이다. 그런데 실험 결과 이 예측은 입증되지 않았기 때문에 모든 것이 무너지고, 물질은 존

재할 권리를 되찾을지도 모른다. 그러나 그 실험은 미묘하여 결정적인
결론을 내리는 것은 아직 시기상조다.

직관, 규약, 경험: 푸앵카레의 과학철학[1]

이상욱(한양대 철학과 교수, 과학철학)

앙리 푸앵카레(1854~1912)는 19세기의 전형적인 다재다능형 천재 학자였다. 그는 주로 수학자로 알려져 있지만, 그의 연구 분야는 수학만이 아니라 이론물리학과 과학철학, 공학 분야에 이르기까지 다양한 주제에 걸쳐 있었고 그 모든 분야에서 최고의 학문적 성취를 이룩한 보기 드문 학계의 거인이었다. 대중적으로는 2003년 페렐만에 의해 증명된 '푸앵카레 추측'을 처음 제시한 사람 정도로 알려져 있지만, 순수 수학 분야에서는 위상수학의 기초를 놓았고, 수리물리학 분야에서는 혼돈(카오스) 이론의 핵심적인 개념을 제공했으며, 군(group) 이론의 활용을 비롯한 수많은 응용 수학 분야에 중요한 기여를 했다. 필자가 대학원에서 물리

---

1 이 글은 〈시선과 시각〉 제4호(2015년 6월 발행)에 실린 서평을 일부 수정한 것
   이다.

학을 공부하면서 푸앵카레의 이름이 상대성 이론이나 통계물리학처럼 물리학의 여러 분야에서 너무나 자주 등장했기에 처음에는 그를 물리학자라고 생각했을 정도였다. 하지만 나중에 알고 보니 순수수학이나 과학철학에서도 뛰어난 업적을 쌓은 학자여서 놀랐던 기억이 있다.

『과학과 가설』은 제목이 시사하듯 과학에서 '가설'이 차지하는 역할과 의미를 탐색한 과학철학 책이다. 그런데 푸앵카레답게 이 책의 논의는 수론이나 기하학처럼 순수 수학부터 물리학에서의 공간의 경험적 의미에 대한 분석을 거쳐 고전 역학에서의 힘과 운동의 본성에 대한 고찰, 자연과학에서 확률이 사용되는 연구방법론의 의미를 거쳐 전자기학에 대한 철학적 분석에까지 이르고 있다. 학문이 푸앵카레 시대보다 훨씬 전문화된 현대의 분류 체계로 따져 보자면, 수리철학(philosophy of mathematics) 논의와 물리철학(philosophy of physics) 논의를 기초로 과학 연구 방법론 논의를 함께 하고 있는 셈이다. 게다가 이들 분야에서 매우 중요한 학술적 주제, 예를 들어 수학에서의 직관의 역할이나 경험 과학에서의 수학의 역할 등에 대해 현재까지도 논의되는 중요한 입장('규약주의')을 푸앵카레가 이 책에서 제시하고 있다는 점에서 『과학과 가설』의 현재적 의미를 찾을 수 있다. 그렇기에 이번에 훌륭한 역자들에 의해 깔끔한 번역으로 이 책이 우리말로 번역되어 출간된 것에 대해 과학철학 전공자로서 매우 기쁘게 생각한다.

현대 과학철학은 크게 과학 이론의 성격을 규명하거나 과학적 존재자의 실재론적 지위 등을 논의하는 일반 과학철학(General Philosophy of

Science)과 물리학이나 생물학처럼 개별과학의 철학적 주제를 탐색하는 개별과학의 철학(Philosophy of Individual Sciences)으로 나뉜다. 에드워드 윌슨이 유행시킨 '통섭' 개념처럼 사회과학의 이론이 생물학의 이론으로 환원될 수 있는지를 따져보는 논의는 전자에 해당되고, 상대성 이론에서 시공간이 어떻게 이해될 수 있는지를 탐색하는 논의는 후자에 해당된다. 일반적으로 일반 과학철학의 논의에 비해 개별과학의 철학 논의는 해당 과학의 전문적인 내용을 깊이 이해해야만 분석의 흐름을 파악할 수 있는 경우가 많아서 과학적 전문 지식이 부족한 사람들이 접근하기 어렵다. 물론 일반 과학철학의 논의도 설득력 있는 논증을 제시하기 위해서는 구체적인 과학적 사례 분석을 포함하는 것이 일반적이고 이 사례 분석은 해당 분야에서 합의된 과학적 지식에 비추어 볼 때 적어도 사실적 수준에서는 논란의 여지가 없는 것이어야 한다.

이런 배경에서 볼 때 푸앵카레가 『과학과 가설』에서 수행하고 있는 과학철학적 작업은 특이하다. 왜냐하면 한 책에서 푸앵카레는 이 두 분야의 논의를 성공적으로 결합하는 놀라운 역량을 보여 주고 있기 때문이다. 즉, 수학과 물리학의 매우 전문적인 내용에 대한 개별과학의 철학적인 분석에서 출발하여(예를 들어, 비유클리드 기하학의 본성에 대한 논의나 뉴턴 역학이 요구하는 공간의 특징), 결국에는 과학이론이 어떻게 우리의 현상적 경험에 기반하되 그것을 일반화하는 방식으로 발전해 나갈 수 있는지에 대한 일반 과학철학적 논의를 제공하고 있는 것이다. 그렇게 두껍지 않은 책에서 이토록 복잡한 쟁점에 대해 이처럼 간명하면서도 인상적인 과학철학적 주장을 제시한 책은 과학철학의 역사를 통틀어 흔하지 않다고 할 수 있는 정도이다.

푸앵카레가 이런 다양한 영역에 전문성을 가지고 학술적 논의를 수행할 수 있었던 배경에는 단순히 그가 개인적으로 뛰어난 지성의 소유자였다는 점만이 아니라 그가 물리학을 비롯한 경험과학에서의 수학의 활용을 유난히 강조한 18세기 이후의 프랑스 수학 연구 전통에서 교육받았다는 사실이 있다. 그는 순수수학과 응용수학을 구별 없이 가르치던 프랑스 최고의 교육기관인 에콜 폴리테크닉에서 당대 최고의 수학자 에르미트로부터 훈련을 받았으며, 같은 기관에서 경험 현상을 수학적으로 이론화하는 과정에서 가장 널리 사용되는 미분방정식에 대한 연구로 박사학위를 취득했다. 이에 더해 푸앵카레는 에콜 폴리테크닉 졸업 후 에콜 드 민(광산 학교)에 입학하여 광산 기술자 자격을 얻어 북부 프랑스 지역에서 광산 감독관으로 근무하기도 했다. 푸앵카레는 당시 기준으로도 순수수학에서부터 광업에 이르는 다양한 이론적, 실용적 분야를 섭렵한 보기 드문 학자였던 셈이다. 그래서인지 그의 과학철학에는 순수하게 논리적이고 이상적인 논의와 함께 대단히 실용적이고 현실적인 고려가 함께 나타난다.

푸앵카레는 수학을 순수한 논리적 기초 위에 세우려 했던 프레게-러셀 방식의 수학기초론에 반대했다. 푸앵카레가 보기에 수학에서는 수학자의 직관을 논리적 추론으로 환원할 수 없는 지점이 필연적으로 나타나기 때문이었다. 그의 이런 생각은 수와 양을 다룬 『과학과 가설』 1부에서 잘 드러난다.

예를 들어, 일정한 규칙에 따라 배열된 수의 계열에 대한 수학적 증명에서, 그 계열의 첫 원소에 대해 특정 성질이 만족됨을 보인 후, 만약 임의의 정수 n번째 원소에 대해 그 성질이 만족되면 그 다음 정수인 (n+1)번째 원소에 대해 그 성질이 만족된다는 것을 보이면, 무한이 계속되는 모든 원소가 그 성질을 갖는다는 점을 증명할 수 있다는 생각을 살펴보자. 이는 통상적으로 '수학적 귀납법(mathematical induction)'이라 불리는 수학 증명 방식이다. 비유적으로 설명하자면 이 방법은 마치 수많은 카드로 도미노를 만들 때 모든 연속하는 두 장의 카드에 대해 앞 카드가 쓰러지면 다음 카드가 반드시 쓰러지도록 잘 세워두기만 하면, 첫 카드를 쓰러뜨림으로써 모든 '유한한' 카드의 연쇄가 도미노로 쓰러질 것이라는 점을 우리가 이해할 수 있다는 사실과 관련된다. 여기까지는 그다지 문제가 될 것이 없어 보인다. 유한한 수의 카드에 대해서는 이 직관이 진정으로 성립한다는 것을 유한한 시간 내에 경험적으로도 확인할 수 있기 때문이다. 그러므로 수학적 귀납법은 유한한 수에 대해서는 경험적으로 그 타당성을 확보할 수 있다.

하지만 만약 도미노가 무한한 수의 카드로 구성되었다면 어떨까? 얼핏 생각하기에는 무한한 도미노도 앞서 우리가 제시한 두 조건, 즉 연속하는 임의의 두 카드에 대해 앞 카드가 쓰러지면 다음 카드도 반드시 쓰러지고, 첫 카드가 쓰러졌다는 조건이 만족되면 여전히 '모든' 무한한 카드가 쓰러질 것이라고 장담할 수 있을 것처럼 보인다. 하지만 푸앵카레는 이 지점에서 '무한'한 수의 계열에서 정말로 이 수학적 귀납이 모든 원소가 특정 속성을 필연적으로 갖는다는 점을 증명하기 위해서는 논리를 넘어선 수학적 '직관'이 필요하다는 점을 주장한다. 다시 말하자면, 유한한 계열에 대해 타당한 수학적 귀납이 무한한 수의 계열에 대해 성립한다는 '직관'을 수용해야만 이러한 추론이 가능하다는 것이다. 하지만 물론 우리는 그 직관이 진정으로 타당한지에 대해서 유한한 시간 내에 경험적으로 확인할 방법은 없다. 오직 수학적 직관만이 우리가 우리의 경험적 한계를 극복할 수 있는 것이다.

이는 수학에만 적용되는 결론이 아니다. 동일한 이유로 경험과학에서의 귀납법, 즉 유한한 수의 관찰 경험에 근거하여 무한한 수의 관찰 경험에 대한 일반 명제를 도출하는 방법을 사용하기 위해서는 일종의 '법칙적 도약'이 필요한데 이는 자연 현상이 변하지 않는 법칙적 규칙성에 따라 발생한다는 믿음을 요구한다는 것이다. 푸앵카레의 이 주장은 물론 흄이 귀납법의 타당성을 보장하기 위해서는 과거, 현재, 미래의 현상이 모두 동일한 규칙성을 가진다는 '자연의 일양성(uniformity of nature)'을 가정해야 한다고 지적했던 내용과 일치한다.

흥미로운 점은 흄은 홉스의 전통을 따라 수학에서는 경험과학과 달리 이성적 추론을 통해 필연성이 보장된다고 본 반면, 푸앵카레는 수학도 경험과학과 유사한 방식으로 '직관'의 도움이 필요하다고 주장했다는 사실이다. 물론 두 분야 사이에 차이점이 없는 것은 아니다. 수학적 직관은 우리의 내성적 판단이므로 일단 이 직관이 작용하여 얻어진 수학적 증명은 필연성을 획득하지만, 자연과학의 법칙은 귀납법에 의해 확립된 후에도 여전히 우리의 지성에 외재적이기에 수학적 필연성에 상응하는 확실성에는 여전히 도달할 수 없기 때문이다.

　푸앵카레의 규약에 대한 생각은 기하학에 대한 논의와 역학에서의 힘에 대한 논의에서 잘 나타난다. 그는 우선 칸트에 의해 선험적 종합명제로 여겨졌던 유클리드 기하학의 공리 중에서 특히 '평행선 공리'를 그것과 모순인 다른 공리로 대체해도 여전히 정합적인 기하학을 얻을 수 있다는 점을 지적한다. 이는 물론 19세기에 이미 비유클리드 기하학의 등장하면서부터 잘 알려진 사실이었다. 한 점을 지나면서 주어진 직선과 평행한 직선은 오직 하나인 유클리드 기하학과 달리, 그런 직선이 존재하지 않는 리만 기하학이나 그런 직선이 무수히 많은 로바체프스키 기하학처럼 다양한 기하학이 존재할 수 있는 것이다. 이런 상황에서 통상적인 과학자라면 실제 세계는 어떤 기하학을 만족할지를 탐색하려 할 것이고, 실제로 독일의 위대한 수학자 가우스는 높은 산의 봉우리들이 만드는 삼각형의 내각의 합이 180도인지를 확인하려고 시도하기도 했다. 그리고 실제 세계의 물리학이 무엇인지가 바로 물리학에서 유클리드/비유클리드 기하학과 관련된 학술적 탐색의 핵심적 질문이었다. 보다 구체적으로 말하자면, 아인슈타인의 일반상대성 이론의 타당성은 우리 우주의 공간 구조가 유클리드적인지 아닌지와 관련되어 있기에, 아인슈타인은 자신의 이론이 개기일식 상황에서 별빛이 휘어지는 정도에 대한 관측을 통해 경험적으로 검증될 수 있다고 주장했던 것이다.

하지만 푸앵카레의 생각은 이런 방향과 다른 방식으로 전개된다. 그는 유명한 '원반 세계' 사고실험을 통해 만약 우리 세계에 특별한 속성, 예를 들어 온도가 중심으로부터의 거리에 비례해서 낮아지는 속성을 도입하고 온도에 완벽하게 비례하여 모든 물체가 수축하거나 팽창한다면 이런 세계에서의 '올바른' 기하학이 무엇인지를 순전히 경험적으로만 결정하는 것은 불가능하다고 선언한다. 유클리드 기하학이 맞다고 수용하고 방금 설명한 복잡한 자연 법칙과 우주의 초기 조건을 가정해도 되지만, 이런 특이한 우주의 성질을 '기하학화'하여 우리가 길이를 재는 방식이나 공간을 이해하는 방식 자체를 바꾸어도 여전히 동일한 경험 현상에 대해 만족스러운 설명을 할 수 있기 때문이다.

이를 현대 과학철학 용어로 말하자면, 서로 다른 기하학은 우리의 공간 경험에 대해 '경험적으로 동등한(empirically equivalent)' 이론에 해당되므로 그 둘 중 어느 것을 반드시 선택해야 할 인식론적 이유를 찾기는 어렵다는 것이다. 하지만 그렇다고 해서 푸앵카레가 이런 상황에서 우리가 어떤 기하학을 선택하는 것이 더 합당한지에 대해 어떤 근거도 찾을 수 없다는, 일종의 인식론적 상대주의를 주장하는 것은 아니다. 그가 책 전체에서 계속해서 강조하듯이 그는 유클리드 기하학을 선택하는 것이 정당화될 수 있다고 생각한다. 그 이유는 유클리드 기하학이 좀 더 단순하고 유용하기 때문이다. 여기서 유용성은 유클리드 기하학이 응용과학과 공학에서 널리 사용되고 있다는 사실에 근거한다. 게다가 푸앵카레는 우리가 아무 기하학이나 '임의로' 선택할 수 있다고 주장하는 것이 아니라 오직 '경험적으로 적합한' 기하학 중에서만 규약적으로 선택해야 한다고 주장한다는 점에 주목해야 한다. 즉, 푸앵카레의 규약주의는 인식론적으로 결코 극단적이지 않으며 매우 실용적인 입장인 것이다. 이 지점에서 푸앵카레의 규약주의와 영미철학계에서 보다 널리 알려진 콰인의 규약주의 사이의 미묘한 차이가 드러난다.

『과학과 가설』에서 서평자가 가장 흥미롭게 읽은 부분은 (경험)과학에서의 수학의 역할에 대한 푸앵카레의 설명이었다. 이론 물리학자들은 추상적이고 단순한 수학이 다양한 인과 작용이 복잡하게 엉켜 있는 현실 세계를 성공적으로 설명할 수 있는 것이 어떻게 가능한가라는 질문에 대해, 대개 '자연이 수학의 언어로 쓰여 있기' 때문이라고 간단하게 대답한다. 하지만 푸앵카레는 그런 '신비로운' 설명보다는 과학철학적으로 훨씬 만족스러운 설명을 제시한다. 그는 우리에게는 '다행스럽게도' 우리는 모양이 변형되지 않은 채 움직이는 고체에 대한 감각 경험을 가지고 있으며 이에 기초해서 기하학적 직관을 발달시킬 수 있었다고 설명하는 것이다.

물론 이 말은 기하학이 경험과학이라는 말은 아니다. 실제 어떤 상황에서도 결코 변하지 않은 고체[물리학에서 강제(rigid body)라 부르는]는 실제 세계에서는 오직 근사적으로만 존재한다. 그러므로 우리의 감각 경험으로부터 기하학에 도달하려면 수학적 직관에 호소하는 추상화와 일반화를 거쳐야 하고 이 과정에는 앞서 설명한 '규약'이 작동한다. 하지만 우리가 사는 세계가 너무나 변화무쌍해서 상태변화는 거의 없이 위치변화만 있는 운동에 대해 경험하는 것 자체가 불가능한 세계라면 우리는 현재 우리에게 익숙한 형태의 기하학에 도달하지 못했을 것이라고 푸앵카레는 추론한다. 예를 들어, 앞서 소개한 '원반 세계'에서라면 기하학에 온도 변수가 본질적으로 포함될 수밖에 없었을 것이다. 이처럼 세계가 어떤 인과 구조를 갖는지에 따라 우리의 수학적 이론화 작업은 영향을 받을 수밖에 없는 것이다.

푸앵카레는 자신의 주장을 흥미로운 사고실험을 통해 설득력 있게 제시하고 있는데, 공간에 대한 논의에서만이 아니라 힘과 질량처럼 역학적 개념에 대한 논의에서도 어떻게 우리가 근육감각처럼 원초적인 감각 경험에 기반하여 추상적인 이론화에 이를 수 있는지, 그리고 그 과정에서 규약적인 요소가 왜 포함될 수밖에 없는지를 다양한 조건의 상상 세계에서 과학연구를 수행하는 학자의 관점을 빌어 흥미진진하게 설명한다. 이처럼 푸앵카레는 역학이 근본적인 의미에서 우리의 감각경험에 기초하고 있기에 철저하게 실험과학으로 가르쳐져야 하며, 절대적이고 추상적인 물리학의 원리와 그 원리가 표상하는 현실 세계의 복잡한 인과 관계는 오직 근사적이고 수정가능한 실험 법칙을 통해서만 연결이 가능하다고 역설한다. 푸앵카레에게는 과학의 이 두 요소, 즉 추상적인 수학을 통해 표현되는 '원리'와 경험과 실험을 통해 얻어지는 규칙성에 기초한 가설 세우기와 그것에 대한 검증은 둘 다 빼놓을 수 없는 과학의 기초이다. 그는 건축의 비유를 통해 자신의 생각을 간결하게 표명한다.

"집이 돌로 지어지듯이 과학은 사실로 세워지지만, 돌무더기가 집이 아니듯 사실의 축적이 과학은 아니다." (166쪽)

필자가 보기에 과학 연구를 통해 세계에 대한 과학적 이론이 구성되는 과정에 대해 푸앵카레의 이 구절처럼 명쾌하게 정곡을 찌르는 설명은 흔하지 않다.